森林土壤
实验常规分析方法

主编／谭　波　　倪祥银　　吴福忠　　李　娇

编委／曹　瑞　　陈亚梅　　付长坤　　贺若阳

　　　胡筠怡　　梁子逸　　谭　羽　　杨　帆

　　　杨开军　　游成铭　　赵海蓉　　张　钰

四川大学出版社

项目策划：杨丽贤
特约编辑：张　澄
责任编辑：周　艳
责任校对：谢　瑞
封面设计：墨创文化
责任印制：王　炜

图书在版编目（CIP）数据

森林土壤实验常规分析方法／谭波等主编．— 成都：
四川大学出版社，2020.12
　ISBN 978-7-5690-2805-8

　Ⅰ．①森…　Ⅱ．①谭…　Ⅲ．①森林土－实验－分析方
法　Ⅳ．① S714-33

中国版本图书馆 CIP 数据核字（2019）第 036028 号

书名　森林土壤实验常规分析方法

主　　编	谭　波　倪祥银　吴福忠　李　娇
出　　版	四川大学出版社
地　　址	成都市一环路南一段 24 号（610065）
发　　行	四川大学出版社
书　　号	ISBN 978-7-5690-2805-8
印前制作	四川胜翔数码印务设计有限公司
印　　刷	郫县犀浦印刷厂
成品尺寸	148mm×210mm
插　　页	1
印　　张	6.25
字　　数	171 千字
版　　次	2020 年 12 月第 1 版
印　　次	2020 年 12 月第 1 次印刷
定　　价	35.00 元

◆ 读者邮购本书，请与本社发行科联系。
　　电话：(028)85408408/(028)85401670/
　　(028)86408023　邮政编码：610065
◆ 本社图书如有印装质量问题，请寄回出版社调换。
◆ 网址：http://press.scu.edu.cn

四川大学出版社
微信公众号

前　言

　　土壤是生命的摇篮。它具有一定的肥力，能给植物根系和土壤生物提供生活空间、矿质元素、水分，是生态系统地上与地下物质循环和能量流动的交换场所。森林约占全球陆地面积的27.6%，是陆地生态系统的主体。森林土壤被誉为陆地生态系统中巨大的"土壤碳库""水库""生物基因库"，在全球碳循环、水土保持与水源涵养、生物多样性保育、区域气候调节等方面具有十分重要的、不可替代的作用和地位。

　　改革开放以来，我国科学家围绕森林土壤开展了一系列的土壤学、生态学和环境科学研究，取得了大量卓有成效的研究成果，改进了许多森林土壤分析测试的方法。这为我国农、林、牧、副、渔业的可持续发展，环境治理，土壤生态安全建设提供了有力保障。但迄今为止，关于森林土壤实验分析方法的专著或教材仍然缺乏。本书基于四川农业大学"生态系统过程与调控"研究团队过去十多年来从事与森林土壤生态有关的森林土壤养分、土壤生物、土壤酶、生物元素循环等研究的科研积淀及从事林学、土壤学、生态学等的教学经历，从森林土壤分析实验研究方法角度出发，对森林土壤生态研究过程中常规测试指标的分析方法进行了阶段总结。本书主要介绍了土壤分析实验室的安全准则、森林土壤实验常用仪器的使用指南以及森林土壤、植物、凋落物和水样常规测试指标的分析方法，希望为森林土壤生态的研

1

究工作者提供参考和借鉴。

　　本书是在国家自然科学基金项目（编号 31500509、31570445、31500358、31670526、31622018、31800521、31870602、31800373 等）研究的基础上对现行方法的整理和归纳总结。由于我们学识和水平有限，所述方法难免有错误和疏漏之处，敬请专家和读者批评指正！

目 录

1 实验室安全准则

1.1 实验室管理制度

● 实验室是科学研究和人才培养的重要基地,实验人员应认真执行实验室安全管理制度、仪器管理制度、药品管理制度等相关要求,不得在实验室内进行与实验工作无关的活动。

● 进入实验室必须穿工作服,进入无菌室换无菌衣、帽、鞋,戴好口罩,非研究所人员不得进入实验室,严格执行安全操作规程。工作服应经常清洗,保持整洁,必要时高温消毒。

● 实验人员应在其分配的实验台面上活动,不得占用他人台面,特殊情况下应提前与所涉及的人员商量,严禁在实验台面上随意涂画。

● 实验室的设施布局不得随意变动,仪器设备未经管理员同意不得擅自使用,严格遵守公用仪器操作规程和使用预约登记制度,登记时要记录仪器设备的使用情况,设备租借按相关程序向实验室管理员提出申请。

● 严格执行实验室门禁卡、钥匙的管理制度,门禁卡、钥匙由实验室管理员统一管理,任何人不得私自借给他人使用或擅自配置钥匙,特殊情况下应提前向管理员提出申请。

1

● 实验室内要保持清洁卫生，不得乱扔纸屑等杂物。进入实验室工作的实验人员对实验室卫生负责。实验结束后，应及时进行清扫整理，桌、柜等表面应用消毒液擦拭，保持无尘，杜绝污染。

● 实验室应井然有序，物品摆放整齐、合理，不能随意移动。不得存放实验室以外的个人用品、仪器等，严禁在冰箱、恒温箱、烘箱内存放私人物品。

● 化学试剂应定期检查并有明晰标签，仪器应定期检查、保养、检修。

● 实验结束后，实验人员应及时清理实验用具，有毒、有害、易燃的物品和废弃物的处理应按有关要求执行。关好门窗、水电，在管理员处归还钥匙并签字确认。

1.2　实验室安全管理制度

实验室是进行实践教学和科研工作的重要基地，为做好实验室安全工作，确保实验工作的顺利开展，需具有行之有效的管理制度。

● 安全工作，人人有责。实验人员必须牢固树立"安全第一"的思想，严格遵守实验室管理制度和实验室操作流程，防止任何安全事故的发生。

● 实验室内严禁烟火，存放的一切易燃、易爆物品都要单独隔离，与火源、电源保持一定距离，严禁闲杂人员入内。

● 充分熟悉灭火器、急救箱的存放位置和使用方法，安全用具不准移作他用。

● 装药品的容器上应贴上标签，注明名称等。

● 危险药品要专人、专类、专柜保管，实行双人双锁管理制度。各种危险药品要根据其性能、特点分门别类地进行贮存，并定期进行检查，以防意外事故发生。

● 不得私自将药品带出实验室，实验室内严禁存放个人物品。

● 有危险的实验在操作时应使用防护眼镜、面罩、手套等防护设备。

● 能产生有刺激性或有毒气体的实验必须在通风橱内进行。

● 浓酸、浓碱具有强烈的腐蚀性，使用时要特别小心，切勿使其溅在衣服或皮肤上，废酸应倒入酸缸，不要往酸缸里倾倒碱液，以免酸碱中和放出大量的热而发生危险。

● 实验中所用药品不得随意散失、遗弃，对反应中产生的有害气体应按规定处理，以免污染环境，影响健康。

● 实验完毕后，实验人员应关闭所使用的仪器设备，切断电源、气源和水源，对实验室做一次系统的检查，关好门窗，防火、防盗、防破坏。

1.3 实验室卫生制度

● 实验室是进行人才培养、科学研究的重要场所，必须加强管理，为实验人员创造一个良好的实验环境。

● 凡进入实验室参加实验的人员，必须穿工作服，保证整洁、干净。非研究所人员未经许可不得进入实验室。

● 进入实验室工作的实验人员对实验室卫生负责，注意保持室内卫生及良好的实验秩序。每次做完实验，应将所有仪器设备复位，清理好现场。

● 实验室内各种设备器材的摆放要合理、整齐，实验室内严禁放置私人物品。

● 实验室要做到定期清扫、经常通风，保持良好的实验环境。

● 能产生有异味、影响实验室安全的气体的实验，必须在通风橱内进行，并做好尾气收集及排放措施。

● 实验室产生的废液不要随意倒入水槽中，特别是有毒、有害液体，必须装入废液缸中并贴好标签，不要随意放置。

● 公共区域实验台面应保持整洁，使用完的仪器配件、药品等应放入对应储物柜中，堆放在实验台面上的物品若无明晰标签，一律按垃圾处理。

● 实验室中有害气体、粉尘含量必须符合国家规定标准，对污染环境的有害物质要定期进行分析和监测，确保实验人员的健康和安全。

1.4　仪器使用管理制度

为确保实验室高效运转和管理，保证科研工作的顺利开展，需采用行之有效的仪器使用管理制度。

● 实验室仪器使用应坚持"先预约、后使用"的原则，未经实验室管理员的同意，其他人员不准使用、移动、调换及借出仪器。

● 使用仪器前应先检查仪器是否正常。仪器设备运行期间，不得擅自离岗，发现异常及故障应及时关机，做好有关记录并立即报告实验室管理员，不得隐瞒不报或擅自修理。仪器故障排除后方可使用，杜绝仪器"带病"运转。

● 仪器的使用应严格按照仪器说明书中的要求进行，使用人员必须掌握仪器的工作原理、性能、操作程序后方可使用仪器。所有仪器使用者均应爱护仪器设备，轻拿轻放，切忌野蛮操作。如因违反操作规程导致仪器设备损坏，要追究当事人责任，并按有关规定给予必要的处罚。

● 实验室仪器原则上不外借，需借用仪器的外来人员，一律填写外来人员实验仪器使用登记表，经管理员同意及相关负责人签字后方可借出，并按实验室仪器使用收费标准收取相关费用。出借仪器归还时，如发现损坏等，应按价赔偿。

● 仪器使用结束后，应将各部件恢复到所要求的位置，及时做好清理工作，到管理员处签字确认。

● 仪器室应有安全设施，并定期检查，切实做好防火、防盗等安全工作。如有遗失或其他事故，应及时查清原因并上报给相关负责人。

1.5 药品使用管理制度

土壤分析所需的化学药品不仅种类繁多，而且大多数具有一定的危险性，对其加强管理是保证分析数据质量的关键，更是确保安全的需要。

● 要遵循既有利于科研、又保障安全的原则，加强危险药品管理和使用的安全教育。

● 化学药品存放应保证阴凉、通风、干燥、避光，有防火、防盗设施，周围禁止吸烟和使用明火。

● 根据药品的种类、性质分类存放，并采用科学的保存办法。如受光易变质的药品应装在避光容器内，易挥发、潮解的药品要密封，长期不用的药品应蜡封，装碱的玻璃瓶不能用玻璃塞等。

● 化学药品应在容器外贴上标签，并涂蜡保护，短时间存放药品的容器可不涂蜡。对于分装的药品，容器标签上应注明名称、规格及浓度，无标签的药品不能擅自乱扔、乱倒。

● 对危险药品要严加管理：危险药品必须存入专柜，加锁防范。互相发生化学反应的药品应隔开存放。危险药品都要严加密封，并定期检查密封情况，高温、潮湿季节尤应注意。要加强对火源的管理，危险药品专柜周围和内部严禁火源；变质、失效的化学药品要及时销毁，销毁时要注意安全，不得污染环境。

● 药品不得与配制的溶液放在一起，固体药品应与液体药品分开保存，使用结束后试剂药品应及时收拾清理，保证实验台面整洁干净。

● 定期对药品进行检查，确保药品的用量，并在保质期内使用，严禁使用过期、失效的药品。

1.6　实验人员实验守则

● 实验人员进入实验室工作，应严格遵守实验室的管理条例，必须服从实验室管理员的安排，不得大声喧哗，要保持实验室的安静和室内卫生。

● 爱护仪器设备。实验人员必须掌握仪器的工作原理、性能、操作规程后方可使用仪器，未经同意不得擅自动用实验室仪器设备，凡因违反操作规程或擅自动用仪器设备造成损失者，按照相关规定给予一定处罚。仪器发生故障时，应立即停止使用，并报告实验室管理员，严禁擅自拆卸、搬弄仪器。

● 爱惜药品和实验材料。实验中要注意节约使用实验材料，未经实验室管理员同意，不得将实验用品带出实验室。

● 实验中应注意安全，使用仪器设备和易燃、易爆、有毒药品时，必须严格遵守操作规程，防止意外事故发生。在实验过程中若出现事故，应立即切断电源、水源，停止实验并向实验室管理员报告。

● 用过的废渣、废纸、火柴梗等杂物不得随意丢弃，须置于指定地方。特别是有毒有害物品，必须在实验室管理员指导下进行处理，不准乱扔、乱放。

● 实验结束后，要及时清理实验台面，保证实验台面整洁干净。将使用的仪器和工具清洗后放回原处。规定在原地使用的仪器，不得任意移动。

● 离开实验室时，应关好门窗、水电，以确保实验室的安全。实验室管理员审查仪器设备还原情况，确认无误后，签字确认。

参考资料

［1］艾德生，黄开胜，马文川，等. 实验室安全管理模式的研究与实践［J］. 实验技术与管理，2018，35（1）：8-12.

［2］李倦生，王怀宇. 环境监测实训［M］. 北京：高等教育出版社，2008.

［3］陆锦冲. 和谐社会视角下高校实验室安全管理制度的构建［J］. 实验技术与管理，2012，29（10）：1-4.

［4］蒲雪梅，陈华. 大学化学实验［M］. 2版. 北京：化学工业出版社，2015.

［5］宋英明. 高校实验室化学药品的使用与管理［J］. 中国培训，2016（22）：76.

［6］谢绍龙，钟文海. 高校实验室危险化学品安全管理制度之建立［J］. 中国高新区，2017（11）：51-52.

2 森林土壤实验常用仪器使用指南

2.1 森林土壤分析实验前处理仪器

2.1.1 电子天平（ESJ200－4A）

（1）主要用途

电子天平主要用于土壤、植物、药品等的称重，要求在一个相对无振动、无气流，室内温度恒定，相对湿度为 45%～60% 的专用工作室使用。

（2）操作流程

①调水平：天平开机前，应观察天平后部水平仪内的气泡是否位于圆环的中央，否则通过天平的地脚螺栓调节，左旋升高，右旋下降。

②预热：天平在初次接通电源或长时间断电后开机时，至少需要 30 min 的预热时间。因此，通常情况下，不要经常切断天平电源。

③称量：

a）按"ON/OFF"键，接通显示器。

b）等待仪器自检。当显示器显示零时，自检过程结束，天平可用于称量。

c）放置称量纸，按显示屏两侧的"TARE"键去皮，待显示器显示零时，在称量纸上加所要称量的试剂、药品等。

d）称量完毕，按"ON/OFF"键，关闭显示器。

（3）注意事项

①天平在安装时已经过严格校准，故不可轻易移动天平，否则校准工作需重新进行。

②严禁不使用称量纸直接称量，具有挥发性、腐蚀性、吸潮性的物品必须放在加盖的容器中称量。

③每次称量后，清洁天平，避免对天平造成污染而影响称量精度，影响他人的工作。

2.1.2　电热鼓风干燥箱（DHG－2450B）

（1）主要用途

电热鼓风干燥箱由箱体、控温系统、电加热鼓风系统组成，供工矿企业、化验室、科研单位等作干燥、烘焙、熔蜡、灭菌用。在土壤分析实验中，可用于土壤、植物、药品和玻璃器皿的干燥，以及土壤、植物水分含量的测定。

（2）操作流程

①打开箱门，将待处理样品放入箱内隔板上，关上箱门，关闭放气阀，打开真空阀，接通真空泵抽气，使箱内达到所需的真空度，关闭真空阀和真空泵电源。

②接通电源，将面板上的电源开关置于"开"的位置，此时仪表显示数字，表示设备进入工作状态。通过操作温度控制器，设定所需要的箱内温度。

③仪器开始工作，箱内温度逐渐达到设定值，经过所需的干燥处理时间后，处理工作完成。

④关闭电源，待箱内温度接近环境温度后，打开充气阀，解除箱内真空状态，打开箱门，取出样品。

（3）注意事项

①使用时应当观察真空泵的油位，以免由于缺油而损坏电机。

②水及腐蚀性太强的物品不宜放入其内。

③开门取样品时注意箱内温度，以免烫伤。

2.1.3 红外石英消化炉（SKD－20S2）

（1）主要用途

红外石英消化炉可用于农业、林业、环保、地质等部门及高等院校、科研部门，对植株、种子、土壤等进行消化。在土壤分析实验中，红外石英消化炉可用于土壤和植物样品中 C、N、P 等元素分析的消化处理。

（2）操作流程

执行分段式程序升温（例如：分三段设定温度到 420℃）：

①打开电源开关（红色开关）。

②按"SET"键＋"A/M"键 3 s，跳出程序参数修改界面，连续按"SET"键数次，"RUN"设置为"3"、"pro"为"1"；再设置 $r_1 = 200$，$T_1 = 5$ min，$c_1 = 200℃$；$r_2 = 180$，$T_2 = 5$ min，$c_2 = 350℃$；$r_3 = 200$，$T_3 = 90$ min，$c_3 = 420℃$；…；$r_{32} = 0$，$T_{32} = 0$ min，$c_{32} = 0℃$。设置好后等待几秒钟，程序会自动保存。

③打开启动开关（绿色开关），程序自动运行、自动结束。如果出现不运行的情况，再检查相关设置。

（3）注意事项

①温控表里的参数不得随意更改。

②先把准备消化的样品放在消化架上，再放到消化炉中。

③消化炉的消化孔不能空着，如没有足够样品，可直接将空

消化管放到消化架上，以免热量散发影响样品消化，严重时会导致机器内部配件受损。

④消化架密封挂板在 415℃或 420℃以后挂上。

⑤仪器使用过程中避免酸液流入加热区，导致仪器短路，每次使用完要擦洗仪器。

2.1.4　微波消解仪（NC28105−5044）

（1）主要用途

MARS−X 微波萃取技术是用于分析化学的样品消解、萃取、蛋白水解、浓缩、干燥，实验化学的有机/无机合成及化学工艺模拟数据条件中的微波化学操作的一种技术。微波功率控制方式是一种全范围非脉冲输出，冷却方式安全的快速自动风冷/水冷方式。消解仪可用于批量处理，且所有样品独立密闭，确保无交叉污染和样品损失。仪器主要用于土壤和植物样品中 C、N、P 等元素分析的消化前处理。

（2）操作流程

①每次运行方法前，按"P/T"键检查温度是否正常，温度<50℃表示正常。在运行方法前按"1"键，"℃"标识必须显示"CONTROL"。

②称样：称取样品放至反应罐底部，每个反应罐中有机样品≤0.5 g，无机样品≤1.0 g。

a) 不熟悉的样品称样时应严格控制在 0.5 g 以内。

b) 称样重量应尽量保持一致。

c) 同一批消解反应中，不可同时混用不同型号的反应罐或将不同性质的样品混合消解。

d) 称取样品时，尽量不要使样品黏在反应罐内壁上。

③加酸：容量为 55 mL 的反应罐消解时加酸量为 5 mL。

a) 同一批消解反应中必须使用相同的溶剂。

b）溶剂的选择：HNO_3、HCl 为常用酸，H_2SO_4、H_3PO_4 会产生高温，使用时应该严格控制温度，禁止使用 $HClO_4$。

④摆放消解罐：每一批消解反应必须保证反应罐数量在6个及以上，使用 6~16 个反应罐时，将反应罐放在底座内部均匀摆放；使用 17~24 个反应罐时，将反应罐放在底座外围均匀摆放；使用 25~32 个反应罐时，可将一半反应罐均匀摆放在底座内部，另一半均匀摆放在外围；使用 33~40 个反应罐时，首先将反应罐填满底座内部，其余的均匀摆放在底座外围。

⑤安装反应底座：确保每个反应罐有压力弹片，拧紧反应罐盖子，确保装好外壳保护套，同时保证保护套为干燥状态。

⑥载入方法（LOAD METHOD）或编辑/创建方法（EDIT/CREATE METHOD）：用户目录选择"USER DIRECTORY"，选择方法或创建新方法，选择样品种类"ORGANIC"，选择控制模式，设定反应方法，按"NEXT"键，命名方法，填写实验备忘（可省略），按"NEXT"键回到初始界面，此时显示"CURRENT METHOD"，为新创建的方法。

a）在运行方法前按"1"键，"℃"标识必须显示"CONTROL"。

b）仪器可自动调节功率输出，设定时应注意功率平台与反应罐数量的匹配关系：6~25 个反应罐为 600W，25 个以上反应罐为 1200W，尽量遵循功率最小化原则。

⑦按"START/PAUSE"键开始消解程序，消解过程中，按"START/PAUSE"键可暂停、继续消解程序，按"STOP"键停止消解，消解程序完成后，仪器自动进入冷却过程。

⑧当仪器显示温度低于 80℃时（含有 As、Hg 等元素时温度需降至 60℃），取出反应罐，在通风橱内缓慢拧松盖子，释放剩余压力（不能将盖子上的气孔对着自己），再全部打开盖子。

⑨后续操作：赶酸、转移、定容等，待仪器反应结束 5 min 后再关机，开关机间隔时间至少 1 min。

（3）补充

①控制模式选择（载入方法）。

a）"STANDARD CONTROL"（标准温/压控制）：根据设定的目标温度和压力值，机器以最快的速度激发反应。

b）"RAMP TO TEMPERATURE"（比例温度/时间控制）：适合不熟悉样品的消解，能找到反应临界点和最佳反应条件。一般低糖/淀粉/碳水化合物的临界分解温度为 140℃，蛋白质类为 145℃~150℃，多糖类为 150℃。

c）"RAMP TO PRESSURE"（比例压力/时间控制）：适合熟悉样品的消解，同时必须有压力传感器。

d）"POWER/TIME"（比例功率/时间控制）：不能改变功率值和时间，不适合密闭反应，适用于使用烧杯等非密闭容器的特定方法。

②方法内容编辑的一般原则。植物类样品取样量控制在 0.5 g（mL）以内，溶剂为硝酸，一般两步消解；土壤及沉积物类样品取样量控制在 1.0 g（mL）以内，溶剂为硝酸或盐酸，一般分三步消解。

（4）注意事项

①所有反应罐的各部件必须处于干燥且无污染的状态，以防罐体局部吸收微波后温度过高，损坏罐体。

②严格确认压力弹片已经安装且安装正确，严格确认反应罐完全嵌入转盘。

③转盘上摆放消解罐时，应尽量均匀对称。

④微波启动后 15 s 内不能关掉，微波停止后 5 min 之内不得关机，反应完成后，在温度低于 80℃并低于溶液沸点时，在通风橱内通过排气螺帽释放压力后，才能打开反应罐。

⑤酸和其他化学烟雾会损坏电路和安全互锁门，高氯酸严禁用于微波消解。

⑥每次消解完成后必须进行清洗程序。

⑦定期清理反应腔，确保反应腔内传感器清洁。

⑧不能将反应罐放置在烘箱中烘干，应倒扣使其自然晾干（反应罐外套不得浸泡清洗）。

⑨不能随意更改设置好的仪器参数，特别是温度。

2.1.5　高速冷冻台式离心机（Allegra 64R）

（1）主要用途

高速冷冻台式离心机离心力高达 64400 g，制冷系统采用冷冻剂（R134a），驱动系统为无碳刷感应电机，可用于土壤碳氮组分、植物亚细胞器、蛋白质等样品的分离。

（2）操作流程

①电源开关按至"ON"，按"OPEN DOOR"键打开仪器腔门。

②安装转头前，确认锥形轴套位于驱动轴上，若脱落，不能操作转头。

目前实验室有 F2402H（1.5 mL）、F1010（10 mL）和 F0650（50 mL）三种型号的转头。安装好转头后，确认安装的转头和仪器显示的转头型号一致，任何情况下，转头均需平衡运行。

③样品对称放置，放入之前请再次配平，并确保样品溶液不外漏。

④关闭离心机门并向下轻按，直至听见两个门锁的锁紧声，"OPEN DOOR""START"两灯均亮表示离心机门锁好。

⑤输入运行参数：

a）选择转头号——ROTOR，▲或▼，ENTER。

b）设定运转速度——RPM，▲或▼；RCF，▲或▼。

c）设定运行时间——TIME，▲或▼。

d）设定运行温度——TEMP，▲或▼。根据实验要求设定，低温一般设为4℃。

e）加速模式和减速模式一般表示为0~9，仪器默认为9，一般无须变动。

⑥核对所有参数无误，并锁紧机门，按"ENTER"键确定参数，按"START"键开始离心，离心过程中"IMBALANCE"灯亮表示转头没安装好或样品放置不对称。

⑦设定时间计算至0，按"STOP"键或"FAST STOP"键结束运行。

⑧仪器停止运行后，"OPEN DOOR"键亮，按"OPEN DOOR"键，打开门。

⑨取出转头，关闭仪器电源。

（3）注意事项

①离心管一定要配套，不能用底部为尖形的离心管。离心管大小不合适会影响仪器门盖盖严程度。

②离心中途需观察仪器运转是否正常。

③离心结束，转头停止运转后，方可打开门盖。

④取出转头，关闭仪器电源，用柔软干净的布擦拭转头和机腔内壁。

⑤保持仪器门盖处于打开状态，待机腔内温度与室温平衡后方可盖上。

定量分析实验的其他前处理仪器概述见表2-1。

表 2-1　定量分析实验其他前处理仪器概述

仪器名称	主要用途	注意事项
恒温水浴锅	恒温加热样品	加水之前不能接通电源。使用过程中，水位必须高于不锈钢隔板
烘箱	土壤、植物样品的烘干	烘箱周围不能放置易燃、易爆的物品，样品排列不能太密，禁止烘易燃、易爆、易挥发及有腐蚀性的物品
控温式远红外消煮炉	土壤、植物样品的消煮	硫酸回流高度应控制在管高的三分之二以下。使用完毕后，应拔下电源插头
超纯水仪	用于制备超纯水	不要在水箱没水时取水。进入设置程序后，机器停止制水，退出设置程序即自动恢复制水。晚上最后离开实验室的实验人员必须确认超纯水仪处于非取水状态
振荡器	液态、固态化合物的振荡培养	工作时应放置在平整坚固的台面上，以防振动。每次使用完毕，如果有水滴在仪器上，应擦拭干净

2.2　森林土壤理化分析实验仪器

2.2.1　自动凯氏定氮仪（SKD-100）

（1）主要用途

凯氏定氮法主要用来对土壤、食品、农产品等进行氮-蛋白质含量的测定。用此方法测定试样时，需经过消解、蒸馏、滴定三个过程。

（2）操作流程

①检查仪器工作台是否稳定。

②检查仪器碱液桶、蒸馏水桶的管路是否按颜色标识正确接

上，各个桶盖上一根无颜色标识的管路是空气接口。检查有无漏气、漏水现象，集液瓶应放置平稳。

③检查冷却水进出口是否接好，冷却水是否打开，仪器后面残余液管路的夹子是否夹紧。

④插上电源线，设置好加碱时间（1 s 约 5～7 mL，一般设置 8 s）和蒸馏时间（1 min 约 25 mL，一般设置 4～6 min），设置好每一个参数后，按"确定"键进行保存。

⑤按"启动"键开始进行测试（仪器记忆最后一次的操作程序，若下次测试同一样品，只需要按"启动"键即可）。

（3）补充

①设置加碱时间：按"设置"键，直到光标自动停留在"加碱"上，此时加碱指示灯亮，时间以秒为单位，按"＋""－"调节至需要设置的时间，设置好后按"确认"键保存。

②设置蒸馏时间：按"设置"键，直到光标自动停留在"蒸馏"上，此时蒸馏指示灯亮，时间以分为单位，按"＋""－"调节至需要设置的时间，设置好后按"确认"键保存。

（4）注意事项

①开机需预热三分钟，第一个测试用蒸馏水代替样品，使仪器预热，并带走残余物质。

②仪器测试使用的必须是蒸馏水，冷却用自来水。仪器使用前必须把残留液的管路插上，并夹紧夹子，冷却水打开。

③工作结束后，将碱液桶取下，换上装有蒸馏水的清洗桶（将碱液桶上的盖嘴拧下，插到清洗桶中即可），设置加碱时间为 20 s，蒸馏时间为 0，按"启动"键，洗后倒掉消化管的水，重复三次（每天要做）。

④每天工作完时，将蒸馏瓶内的残水排掉，每星期清洗碱液桶、蒸馏水桶和清洗桶。

⑤如需要拔冷却水进水管和冷却水出水管，先拔下与水龙头

相连接的进水管，再拔下仪器上的出水管，不能搞错顺序。

2.2.2 双光束紫外可见分光光度计（TU－1901）

（1）主要用途

双光束紫外可见分光光度计是用于有机化学、生物化学、药品分析、食品检验、环境保护等领域的仪器，TU－1901 波长范围为 190～900 nm，光度范围为－4.0～4.0 Abs，基线平直度为±0.001 Abs，优质全息光栅降低了仪器的杂散光影响，使仪器分析更加准确。双光束动态反馈比例记录测光系统可以保证基线稳定性。仪器主要通过分光光度法检测土壤和植物样品的养分含量、生理活性等指标。

（2）操作流程

①光度测量（特定波长下的吸光度）。

a）试剂配制：样品配制和去离子水备用。

b）仪器开机：打开电脑，确认仪器样品室中无挡光物后，打开仪器电源，双击桌面图标，打开 UVWin 测量软件，仪器进入初始化进程，自检完成后进入测量界面，仪器需预热半个小时。

c）参数设置：选择"光度测量"，进入参数设置界面。

扫描参数："光度方式"设为 Abs；"测量波长"根据实验条件确定，一般设为 400 nm。

仪器参数："光谱带宽"设为 2.0 nm。

d）暗电流校正：将随机附带的黑挡块放入样品池架上，在测量菜单中点击"暗电流校正"，校正完毕后取出黑挡块。暗电流校正能确保测量数据的准确性。一般在环境温度变化较大或仪器安装位置发生改变时进行校正。

e）校零：将两个石英比色皿装上去离子水，放入样品池架上，关上样品室门盖，点击"校零"，此时测量界面上方显示的实时吸光度值应该大约为 0.000 Abs。

f）样品测量：取出放置于光路上的比色皿，倒掉去离子水后用样品溶液清洗至少 3 遍，加入样品溶液，放入样品池架上，关上样品室门盖，点击"开始"进行测量。

g）结果保存：测量完成后，将数据保存为 UVWin 软件专用的文件格式，方便日后查看和分析。

②光谱扫描（吸收峰）。

a）试剂配制：样品配制和去离子水备用。

b）仪器开机：打开电脑，确认仪器样品室中无挡光物后，打开仪器电源，双击桌面图标，打开 UVWin 测量软件，仪器进入初始化进程，自检完成后进入测量界面，仪器需预热半个小时。

c）参数设置：选择"光谱扫描"，进入参数设置界面。

扫描参数："光度方式"设为 Abs，"扫描速度"设为中速，"采样间隔"设为 1 nm，"波长范围"设为 220～660 nm，"纵坐标范围"设为 0.000～2.000。

仪器参数："光谱带宽"设为 2.0 nm。

d）暗电流校正：将随机附带的黑挡块放入样品池架上，在测量菜单中点击"暗电流校正"，校正完毕后取出黑挡块。暗电流校正能确保测量数据的准确性。一般在环境温度变化较大或仪器安装位置发生改变时进行校正。

e）基线校正：将两个石英比色皿装上去离子水，放入样品池架上，关上样品室门盖，点击"基线校正"，此时测量界面出现基线校正提示，波长也会变化，显示目前的进度，"基线校正"可自动完成。

f）样品测量：取出放置于光路上的比色皿，倒掉去离子水后用样品溶液清洗至少 3 遍，加入样品溶液，放入样品池架上，关上样品室门盖，点击"开始"进行光谱扫描。

g）结果分析：测量完成后，可以使用 UVWin 软件的峰值检出功能，点击"快捷工具"或选择"图形"菜单下的"峰值检出"，对扫描得到的曲线进行分析。用"峰值检出"进行峰值搜寻，如果无法搜寻出峰值，可以对阈值进行设置。检出峰值后测量软件会列出所检出峰值对应的吸光值。

h）结果保存：测量完成后，将数据保存为 UVWin 软件专用的文件格式，方便日后查看和分析。

③定量测量（含量大小测定）。

a）试剂配制：为样品处理做准备。

b）样品处理：准确称取 0.5~2.5 g 样品，加入 25 mL 浸提液和 0.5 mL 缓冲液，浸提液需完全浸没样品，充分摇匀。在 90 ℃~95 ℃水浴中连续搅拌 1.5 h 后取出，冷却至室温，过滤，用蒸馏水洗涤样品，将滤液和洗涤液收集后滴加 5 mol/L 硝酸。同时做试剂空白实验。

c）仪器开机：打开电脑，确认仪器样品室中无挡光物后，打开仪器电源，双击桌面图标，打开 UVWin 测量软件，仪器进入初始化进程，自检完成后进入测量界面，仪器需预热半个小时。

d）参数设置：选择"定量测量"，进入参数设置界面。

扫描参数："测量方法"设为单波长法，"主波长"设为 540 nm，"曲线方程"设为 $Abs = f(c)$，"方程次数"设为 1 次，"浓度单位"设为 mg/L，"校正方法"设为浓度法。

仪器参数："光谱带宽"设为 2.0 nm。

e）显色反应：标准溶液和浸出液的显色反应要同时进行。

f）建立标准曲线：点击"标准样品"，依次输入标准溶液的编号 1~7，浓度为 0 mg/L，0.1 mg/L，0.2 mg/L，…，将两个石英比色皿装上试剂空白溶液，放入样品池架上，关上样品室门盖，点击"校零"，将样品一侧的溶液按编号顺序依次换为标准溶液，点击"开始"进行吸光度值的测量，测量软件会实时以吸光度值对应浓度值绘制曲线。

g）样品测量：同样条件下，在"未知样品"中输入样品的编号，测定样品溶液和空白溶液的吸光度，测量软件会根据标准曲线实时计算出溶液浓度。

h）结果分析：以质量分数 W（mg/kg）计，计算公式为：

$$W = \frac{(A-B)V_N}{m}$$

注：A 和 B 分别表示测定的样品溶液和空白溶液的浓度，V_N 表示测定样品溶液体积，m 表示样品干质量。

（3）注意事项

①样品溶液以占比色皿体积的三分之二为宜。

②氙灯能量低不能通过检测的原因：一般是仪器清理不干净，镜片有遮挡物。要做好实验前后的仪器清理工作，最好用纱布和棉签清理。

③测出数据有误的原因：数值一直为 0，多半是由于实验室温度太低，可提前一小时开空调，精密仪器使用温度以 22℃～24℃为宜，一般空调温度设置为 26℃，因为实验室一般要开窗扩散有毒气体。数值波动大，一般是由于开机预热时间不够，仪器需要提前半小时开机预热后再使用。

④仪器使用完成后取出比色皿，注意一定要关机，以免影响仪器寿命。

2.2.3　酶标分析仪（DNM－9602）

（1）主要用途

酶标分析仪是酶联免疫吸附实验的专用仪器，又称微孔板检测器，其核心是一个比色计，即用比色法进行分析，测定一般要求样品溶液的最终体积在 250 μL 以下。DNM－9602 酶标分析仪

21

测量准确、重复性好，具有质控功能，能做定性、定量检测及基因检测，开机后具有自检功能，可保证仪器每次均在正常状态下工作。仪器主要通过分光光度法检测土壤和植物样品的养分含量、生理活性等指标。

（2）操作流程

①加入样品：酶标板一共有 96 个孔，每个孔的体积为 400 μL，加入样品溶液的体积一般在 250 μL 以下，确保酶标板第一个孔是空着的。一个样品对应一个空白，依次放入，测量结果依次为样品值、空白值、第一个孔的数值。

②打开电脑和酶标仪主机背后的电源。

③测量：双击桌面图标，点击"酶标仪"，选择"检测"，仪器开始自检，自检完成后，输入"板号（文件名）""固定板型（酶活性）"，选择"酶标板出仓"，放入酶标板，注意酶标板上字母一侧朝里放入，放好后往回拉一下，点击"自动检测"，大约 1 min 之后酶标板出仓，表示测定完成，点击"数据导出"，数据直接自动保存到桌面上。

④实验完成后，取出酶标板，点击"酶标板进仓"，点击"退出"，关闭测量软件，关闭酶标仪电源和电脑。

（3）注意事项

①使用移液枪加液，枪头不能混用，酶标板保持干净。

②在测量过程中，不能碰触酶标板，以防酶标板传送时挤伤操作人员的手。

③不能将样品或试剂洒到仪器表面或内部，操作完成后洗手。

④不要在测量过程中关闭电源，使用完成后盖好防尘罩。

2.2.4 原子吸收分光光度计（AA-7000）

（1）主要用途

AA-7000 系列原子吸收分光光度计可进行高灵敏度分析，也是世界首款标准配备振动传感器的原子吸收分光光度计。该仪器配备了全面的安全配件，如气体泄漏探测器，同时配置了新研发的 3D 双光束光学系统。该系统可优化光束和光束数字调节器，并可通过光学元件的优化来减少光能量损失。双光束光学系统及硬件可达到极高的稳定性，光学系统和新石墨炉的设计显著改善了石墨炉的检出限，安全性高。该仪器主要通过原子吸收分光光度法检测土壤和植物样品中的 K、Na、Mg 等元素。

（2）操作流程

①火焰连续法。

a）每次测定之前，先确定仪器主机右侧灯室内有无当次测定所需的元素灯，如果没有，需要安装元素灯。具体操作：灯室内总共可以放 6 盏元素灯，换灯时把元素灯移至外侧，先旋松螺钮，取下螺钮后垂直向上拔下元素灯，注意避免元素灯上方碰撞灯室顶部。把测定需要的元素灯装上，安装时把元素灯对准卡槽，垂直向下放入卡槽，再拧紧螺钮。

b）打开电脑，双击桌面图标"Wizaard"，点击"测量"，输入登录名"admin"，点击"向导选择"，此项对元素的设定操作可在仪器自检过程中漏气检查时进行（漏气检查耗时长，大概 8 min）。

c）进行灯位设定，安放元素灯的位置前面都有编号，换灯之后需更新编号值。具体操作：点击"仪器"，选择"灯位设定"，点击"元素"，进行"编号"设置，最后点击"确定"，"灯寿命"和"使用情况"的显示数值接近时，需更换新的元素灯。

d）按下仪器主机上的电源按钮，同时打开乙炔瓶和空气增压机。

乙炔瓶：总阀向逆时针方向转动 1/4 圈，调节分压阀。

空气增压机：红色按钮向上为打开，向下则为关闭。

e）点击"仪器"，选择"连接"，仪器自检开始：

原子化器（前/后）检测：如果没有通过，向右或向前挪动白色绑带绑住的电线。

调节气体：点击"关闭"，弹出提示框，点击"是"。

废液传感器检测：当检测界面出现时，把接线置于白色废液容器液面之上，打开容器盖子，把接线往上提高，点击"确定"，之后出现对话框，把接线置于容器液面之下，盖上容器盖子，放下接线，点击"确定"。

$N_2O-C_2H_2$ 检测：点击"否"，点击"确定"，最后点击"确定"。

漏气检查：选上所有的检查项目，点击"确定"，开始进行漏气检查，此时，测量界面右下角显示剩余时间。

自检过程中，绿色表示通过的检查项目，白色为忽略的检查项目，红色为没有通过的检查项目。

f）漏气检查时进行元素设定：点击"参数"，选择"元素选择向导"，点击"选择参数（此次测量所需元素）"，选择方法为"火焰连续法"，选择"普通灯"，点击"下一步"，进行标准曲线和样品组的设定。

标准曲线设定："浓度单位"设为 μg/mL，"行数"设为 5（5 个梯度浓度的标样），点击"更新"，实际值此时为 1、2、3、4、5，点击"确定"。每次测定都需重建标准曲线。

样品组设定："浓度单位"设为 μg/mL，"样品数"设为 <300，点击"更新"，设定数值一般高于测定的样品数量。

设定完成后，点击"确定"，选择"下一步"，点击"确定"，选择"谱线搜索/光束平衡"，大概 2 min 之后完成，点击"关闭"，点击"完成"。元素设定完成之后，元素灯自动移至需测定的位置。

g）点火：点火之前，把卡片放在火焰槽，左右移动，使点火之后的火焰蓝光下方平整，不出现凹凸不平，同时检查乙炔分压阀数值是否在 0.09~0.10 MPa。完成后同时按住仪器主机右上方"PURGE"和"IGMTE"两键，进行点火。如果没点上，点击"不显示记录（否）"，继续进行点火。

h）测量之前，先进行仪器清洗。用容量瓶装去离子水，放在进样口前面，插入进样管，等待 5 min，此时火焰颜色应发生明显变化。

i）标准曲线测量：先使用去离子水进行调零"AUTO ZERO"，当测定元素值为 0 时，可以进行标准曲线的绘制，依次放上标准曲线溶液，点击"START"，观察测量界面上的红线，其越平稳越好，待测量界面最上方图标由蓝变灰，表示测量完成。标准曲线自动生成，斜率一般达到 0.99 就可以用，标准曲线对应的编号为"STD"。

j）样品测量：测定方法和标准曲线测定时一样，若样品有空白的情况，先用空白进行调零，没有空白则直接测定样品。浓度一项为所需数据。删除数据，点击"×"。导出数据，直接复制浓度一栏的数值，粘贴在 Excel 表格里。

测定 K、Ca、Mg 时，需加掩蔽剂，掩蔽剂因测定元素不同而不同。

k）关机之前需先清洗仪器，再依次关闭主机（按"EXTINGUISH"）、关闭乙炔、顺时针旋转关闭总阀，分压阀旋至松弛状态，最后关上空气增压机，排出废液。

②石墨炉法。

a）打开电脑，打开氩气主阀，分压阀旋至 0.35 MPa 左右，打开水泵，水泵需加入去离子水，注水口在水泵上方，水量不能少于最低水位。

b) 打开原子吸收主机电源之前，先要进行元素灯的更换，安装此次测量所需的元素灯。在测量过程中，切勿挪动元素灯。

c) 打开原子吸收主机右下方的电源和左下方的加热开关，打开仪器左边的自动进样器开关。

d) 双击电脑上的"Wizaard"图标，点击"测量"，输入登录名"admin"，无密码直接进入，点击"向导选择"，选择"元素选择"，点击"确定"，选择"参数"，点击"装载参数"，选择需测量的元素，方法为"石墨炉法"，点击"普通灯"，使用"ASC"，点击"确定"和"下一步"进行标准曲线和样品组的设定。

标准曲线设定："次数"设为1，"浓度单位"设为 $\mu g/mL$，"行数"设为5，点击"更新"，有两种方法进行设定。

第一种，事先配好不同浓度的标准溶液，无空白，把标准溶液依次放在进样器的外围，从2号位置起开始放置（1号位置放置去离子水，用于之后的试测量），进样器上面有编号，依次排列。此种方法需设置"位置""样品体积""实际值（1、2、3、4、5）"。

第二种，放置母液在2号位置，稀释剂在R1位置，设置不同的样品体积和稀释剂体积（总量尽可能保持一致），得到不同浓度的标准溶液，稀释剂可以使用去离子水或稀硝酸。此种方法需设置"位置""样品体积""实际值（1、2、3、4、5）""稀释剂体积"，设置完成后点击"更新"，最后点击"确定"。

样品组设定："浓度单位"设为 $\mu g/mL$。

设置未知样品/掺入测量的次序：从测量样品开始的位置进行编号，可编到10~12。在测量界面的下方表格内可进行更多位置的编号。

设置样品数："样品数"最好大于待测样品数量。

设定完成后，点击"更新"，点击"确定"，点击"下一步"，选择"连接/发送参数"，仪器自检开始，一般只有左边列项需要检测，直至"原子化器（前/后）"，当检查到右边列项第三个（Air）时，出现"调节气体"，点击"否"，点击"关闭"，点击"确定"，点击"否"。自检结束后，点击"发送升温程序和 ASC 参数"，完成后点击"下一步"，仪器进行"光学参数"中的"谱线搜索"，当"谱线搜索/光束平衡"中谱线、光束均显示"OK"时，点击"关闭"，点击"下一步"，选择"升温程序"，最后点击"完成"。

e）喷嘴位置设定：喷嘴一定要竖直向下。点击"仪器"，选择"石墨炉喷嘴位置"，待进样器转盘调至最右边时，点击"确定"。

转盘位置（进样器）：按下进样器右下方的卡槽，进样器往右拉至燃烧头正面，往外拉进样器左侧锁定键，垂直向下进行固定，喷嘴自动移至石墨炉上方之后，把进样臂导轨放在石墨管上方，进样臂细线保持松弛状态，通过进样器左侧和前面的螺钮调整喷嘴位置，出现位置调节对话框，通过细、粗脉冲或自己设定的脉冲调节喷嘴进入石墨管中间洞口的移动速度，调节喷嘴向下移动直至进入石墨管洞口正中间，最后达到洞口离底部 2/3～3/4 的位置，点击"确定"，拧紧进样臂导轨。

f）测量：1 号位置的测量，测量元素数值＜0.009 即可，没达到要求则重复 1 号位置的测量，点击"TEST MEAS"，点击"测量"，点击"确定"。测量完后进行清洗，清洗结束后点击"关闭"，测量时注意保持进样臂细线的松弛状态。达到要求之后，关闭测量菜单，对图下方的表格进行编辑，完成后点击"START"，仪器开始自动测量，一般重复测定 2 次。测量过程中，点击"参数"，选择"参照参数"，对"重复测量条件"中的"重复次数""最大重复次数"进行更改，一般两次测量之后，若达到要求就不再进行第三次测量。

g）测量完成后，点击"仪器"，选择"连接"，选择"与仪器的通讯断开"，点击"确定"，关闭氩气总阀，松开分压阀，关闭冷却水水泵，关闭测量软件，关闭主机电源、加热开关、自动进样器开关。

（3）注意事项

①使用仪器前先检查助燃气体是否充足，乙炔瓶内气压低于0.5 MPa时就要进行更换，否则会造成气路堵塞，不能点火。

②仪器使用前后均需清洗，以保证测量数据的准确性。

③样品处理后要进行过滤，否则很容易使雾化器进样毛细管堵塞（若发生堵塞需使用专用的钢丝疏通）。

④要注意检查点火口电极上有无积碳（若有积碳，会造成短路），注意检查雾化器火焰燃烧是否均匀（关闭火焰后用硬纸卡片清洁燃烧口）。

⑤元素灯要在关机状态下更换，确认插入灯座。

⑥提示废液罐液面较低时，向废液罐内加入少许去离子水。

⑦进样器中的样品杯提前用稀硝酸浸泡一夜，烘干待用。

⑧更换石墨管：仪器主机正面有个卡锁，向下按，再拧松石墨管右边的螺钮，正方形的金属块向右移动，挪至最右边，取出石墨管。细管洞口正面朝上，装入石墨管，正方形的金属块向左移动，合上之后拧紧石墨管右边的螺钮。用枪头（200 μL）把石墨管中间的细管洞口调到正面朝上。

⑨关闭空气增压机气泵时需将红色按钮按下，并将绿色阀门拧至与水平线垂直。

⑩乙炔总阀关闭后，松开分压阀，释放管道余气，使压力表上的数值归零。

⑪仪器使用完毕，清空空气增压机中的废水，注意观察空气增压机润滑油的液面高度是否在两红线之间，太低则需要更换空气增压机润滑油。

2.2.5 原子荧光光度计（AFS-9700）

2.2.5.1 仪器操作说明

（1）主要用途

AFS-9700 原子荧光光度计采用最新设计的进口注射泵与蠕动泵联用的内置式断续流动进样装置，并采用夹管阀应用技术，试剂不接触阀体，无腐蚀、无记忆且可靠性高，适用于砷、汞、硒、铅、锗、锡、锑、铋、镉、碲、锌、金 12 种元素的痕量分析。该仪器能实现双道两元素同时测量，全自动智能化运行，具三维自动进样器，单个样品盘可有 130 位置，并支持半自动测定方式。

（2）操作流程

①试剂配制：载流液为 2% 盐酸，还原剂为 2% 硼氢化钾＋0.5% 氢氧化钠，先将氢氧化钠溶解，然后加入硼氢化钾，现用现配。

②打开氩气阀，调节好载气压力至 0.3 MPa。

③打开原子化器室前门，检查去水装置中水封，如水封不足，用滴管加入蒸馏水。

④打开电脑，打开仪器主机电源，双击桌面图标打开"AFS-8X"软件，进入自检窗口，单击"检测"，全部通过之后，点击"返回"。

⑤点击"点火"，点击工具栏"元素表"，A 道自动识别，B 道手工设置，点击"确定"，根据方法需要对仪器条件进行设定。

⑥点击工具栏"标准系列"，依次输入所配制的标准品浓度，点击"确定"。

⑦点击"样品参数""添加样品"，设置样品名称、样品形态等信息，完成后点击"确定"。

⑧点击"测量窗口"，出现测量界面，点击"预热"，至少预

热 30 min。确定载流液、还原剂、标准品、样品都已放好后，压紧泵压块。

⑨点击"重做空白"，出现"另存为"界面，输入新文件名（样品名－日期），点击"保存"。

⑩仪器开始运行，默认从当前位置开始测量，屏幕出现"载流"时，将样品管放入载流瓶中，屏幕出现"溶液"时，将样品管放入要测定的比色管中，如检测出现失误可点击"重做"，进行再次测定。

⑪点击"报告""工作曲线"，根据需要进行打印或保存。

⑫检测完毕，点击"清洗程序"，按清洗说明放好各管，点击"清洗"，至少洗 5 次。

⑬点击"熄火"，然后依次关闭软件、主机电源，关气，松泵压块，关电脑。

（3）注意事项

①更换元素灯时，一定要在主机电源关闭的情况下进行，按住卡槽，光点调至正中。

②所有试剂均应为优级纯，且需现用现配，不能过夜使用。

③所有用到的玻璃仪器均要用 20％硝酸浸泡过夜，清洗后 60℃烘 1 h 待用。

④原子化器高度：汞（Hg）为 10 cm，砷（As）等元素为 8 cm。

⑤若样品中被测物含量很高，污染了仪器，应停止测试，立即清洗反应系统的管道、原子化器等。

⑥蠕动泵管定期滴加硅油，不测量时应打开泵压块，不能长时间挤压泵管。

⑦测试结束后，一定要运行仪器清洗程序，将所有管道接入空气。

2.2.5.2 砷（As）、汞（Hg）溶液的配制

（1）砷（As）标准溶液的配制

①吸取 1 mL 浓度为 1000 $\mu g/mL$ 的砷单元素标准溶液，置于 100 mL 容量瓶中，用 5％盐酸稀释至刻度线，此溶液为砷标准储备液，浓度为 10 $\mu g/mL$。再吸取 10 mL 此储备液置于 100 mL 容量瓶中，用 5％盐酸定容至刻度线，此溶液为砷标准使用液，浓度为 1 $\mu g/mL$。以上两种溶液放置于冰箱中保存。

②分别称取 10 g 硫脲和 10 g 抗坏血酸，置于同一 200 mL 容量瓶中，用去离子水稀释至刻度，配制成含 5％硫脲和 5％抗坏血酸的混合溶液，备用。

③取 4 个 100 mL 和 1 个 200 mL 的洁净容量瓶，分别加入 0.1 mL、0.2 mL、0.4 mL、0.8 mL、2.0 mL 浓度为 1 $\mu g/mL$ 的砷标准使用液。

④再向 4 个 100 mL 的容量瓶中各加入 5 mL 浓盐酸，向 200 mL 的容量瓶中加入 10 mL 浓盐酸。

⑤再向 4 个 100 mL 的容量瓶中各加入 20 mL 含 5％硫脲和 5％抗坏血酸的混合溶液，向 200 mL 的容量瓶中加入 40 mL 含 5％硫脲和 5％抗坏血酸的混合溶液。

⑥最后，分别用去离子水定容至刻度，标准系列溶液中砷（As）的浓度分别 1 ng/mL、2 ng/mL、4 ng/mL、8 ng/mL、10 ng/mL。

（2）汞（Hg）标准溶液的配制

①吸取 1 mL 浓度为 1000 $\mu g/mL$ 的汞单元素标准溶液（国家标准物质研究中心），置于 100 mL 洁净容量瓶中，加入 0.05 g 重铬酸钾（$K_2Cr_2O_7$），用 5％硝酸定容至刻度线，此溶液为汞标准储备液，浓度为 10 $\mu g/mL$，置于冰箱中保存。再吸取 1 mL 汞标准储备液于 100 mL 容量瓶中，用 5％硝酸定容成汞标准使用液，浓度为 0.1 $\mu g/mL$。

②取 5 个 200 mL 洁净容量瓶，分别加入 0.8 mL、1.6 mL、2.4 mL、3.2 mL 和 4.0 mL 浓度为 0.1 μg/mL 的汞标准使用液。

③再向 5 个 200 mL 的容量瓶中各加入 10 mL 浓盐酸。

④最后，分别用去离子水定容至刻度，标准系列溶液中汞的含量分别 0.4 ng/mL、0.8 ng/mL、1.2 ng/mL、1.6 ng/mL、2.0 ng/mL。标准系列溶液应现配现用。

（3）砷（As）、汞（Hg）载流液的配制

先向一个 500 mL 洁净的烧杯中加入 200 mL 左右的去离子水，再向烧杯中慢慢加入 20 mL 浓盐酸，最后加入去离子水至 400 mL，此溶液含 5% HCl。

（4）砷（As）、汞（Hg）还原剂的配制

称取 2.5 g NaOH 溶于去离子水，溶解后加入 10 g KBH$_4$，加去离子水稀释至 500 mL。

注意：配制溶液使用的所有玻璃器具都要用硝酸溶液浸泡 24 h 以上。

2.2.6　总有机碳分析仪（multi N/C 2100）

（1）主要用途

multi N/C 2100 总有机碳分析仪是德国耶拿公司开发，用于测定 TC、TOC、NPOC、TIC、POC 及 TNb 各项参数的仪器，测量范围为 0～60000 ppm，检测原理为非色散红外吸收法（NDIR），氧化方法为高温催化燃烧氧化。该仪器具有宽范围、全量程分析、无须稀释、精确测量的优点，自动保护功能和 SCS 安全自检系统能保证多参数快速测定。该仪器主要用于森林土壤和植物总有机碳含量的分析。

（2）操作流程

①前期准备：打开高纯氧总阀，调整分压阀至 0.2～0.4 MPa，

打开电脑，打开仪器主机电源，待主机指示灯变绿后，双击桌面图标打开"multiWin"软件，用户名和密码均为 admin，点击"OK"，仪器初始化开始，测量界面左上角显示系统状态，待红色指示灯变暗后，所有指标显示"OK"，表示仪器初始化完成。

②设定：调节主机内的针形阀（Main），设定催化剂所需测量温度，点击"配置"，在下拉菜单中选择"编辑器设置"，选择分析仪器配件"仪器组件"，设定进样体积为 200 μL，点击"OK"确定。

③新建方法：点击"方法"，选择"新建"，输入文件名，选择测量参数（TOC、TC 或 NPOC）、测量次数（3~4 次）、测试精度要求（如 2%），完成后点击"方法参数"，选择"进样体积"为 200 μL，根据待测试样品特性编辑其所需的"最大吹扫时间（如 120 s）"，选择"最长积分时间（如 200 s）"，点击"保存"，点击"方法为当前测量方法"。

④载入已保存方法：点击"载入方法"，选择已建好的方法后点击"OK"，建好的方法中包含标准曲线，可用一点标准样品检验标准曲线是否满足测试要求（标准曲线是否漂移）。如满足测试要求，可直接进行样品测试；如不满足，则需重新制作标准曲线。

制作标准曲线：测试界面下，点击"校正"或选择"测量"菜单下的"校正"，点击"是"，再点击"确定"，编辑标准曲线的"标准样品份数（4 个以上）"，输入"标准液浓度（mg/L）"，点击右下角"测量"，点击"开始（F2）"。测量完成后，仪器自动绘制标准曲线，通过去除标准样品数值修改标准曲线，最后点击"是"，点击"应用"，点击"关闭"。

⑤样品测定：选择"测量"，在下拉菜单中点击"开始测量"或直接点击"F2"进行测量，输入文件名，点击"开始"，出现测量对话框，用样品溶液清洗注射器数次后再吸入样品液，保证

注射器取好的样品中没有气泡。点击"F2"，再次出现测量对话框后，点击"OK"，将注射器针头完全垂直插入进样垫注射口中，匀速注射样品，注射完立即抽出注射器，测试完成后点击"退出"，进行下一个样品的测试，其间用去离子水清洗注射器。

⑥数据输出：点击"数据报告/分析数据报告"，弹出分析数据表，点击"保存"。

⑦关机：点击"退出"关闭测量软件，关闭仪器主机和电脑，关闭高纯氧总阀，松开分压阀。

（3）注意事项

①打开仪器之前要确保废液管接到废液罐中且流出畅通，废液罐的剩余体积充足，试剂瓶中有足够的磷酸。同时检查气瓶压力。

②仪器使用前后均需用去离子水清洗。

③每次测量溶液最多为 500 μL（一般仪器设置为 200 μL），每次测量需用待测溶液清洗注射器数次，保证注射器取好的样品中没有气泡。

④进样时将注射器针头完全垂直插入进样垫注射口中匀速注射样品，注射完立即抽出注射器。

⑤采用 TOC（diff）方法时，使用40％的磷酸，实验之前加入 5 mL。采用 NPOC 方法时，使用 HCl，加入量一般为 50 mL，保证样品的 pH 值在 2 左右。

2.2.7 TOC/TNb 分析仪（Vario 系列）

（1）主要用途

该仪器主要用于森林土壤和植物样品有机碳、无机碳和氮含量分析。样品中的 C 和 N 在高温催化作用下被高纯氧氧化生成对应的氧化物，经过干燥和净化，由各自的检测器检测。检测器的信号通过计算机积分处理，得到峰面积，与标准对照品的峰面积对比，通过外标法得到样品含量。Vario TOC 采用多点标准曲线校正，生成标准曲线的校准系数。

（2）操作流程

液体模式操作：

①打开氧气瓶总阀，将分压表调节到接近 100 kPa。

②打开仪器主机电源开关，仪器将进行自检，包括多通阀复位、注射泵复位、机械臂升降和样品盘复位。等仪器自检完成（约 2 min）后，双击桌面快捷图标，打开"Vario TOC select"软件，点击"OK"即可进入软件主界面。

③软件搜索连接端口并自动连接仪器，连接成功后，软件界面左下角过程状态处会显示"STANDBY"。

④设置燃烧管温度：点击"选项"，选择"设置"，点击"参数"，拉动下部的滚动条，将"反应器工作温度"设置为 850℃，点击"OK"确认退出。关闭软件后该燃烧管的温度设置会保存，不需要每次开机设置该参数，待温度到设定值（约 20 min）才可开展分析测试工作。

⑤准备样品：样品需要经过 0.45 μm 膜过滤后才可上机，如果使用 NPOC 方法，样品还需要充分酸化，浓度较高的样品可以先定量稀释后再上机。

⑥方法："Vario TOC select"预置了常用的方法，差减法不测试总氮时选择"TIC/TC"、差减法测试总氮时选择"TIC/TC/TNb"、直接法不测试总氮时选择"NPOC-precise"、直接法测试总氮时选择"NPOC/TNb-precise"。

⑦选择使用校准系数：Vario TOC 分析仪将不同组分的校准系数归总在一个名称里面，在系数中选择对应的名称即可选择对应的系数。Vario TOC 分析仪出厂时预设了名为"Default"的系数名称，其各个组分的浓度范围均为 0~10 ppm（mg/L）。"Default"为缺省的系数名称，如果不选择系数名称则被认为是

选用"Default"。

⑧运行工作表：运行分为单次运行和自动运行。单次运行只运行工作表中的一行，而自动运行则运行整个工作表直到结束或者中途停止。如果配有自动进样器，通常会选择自动运行。自动运行结束，仪器会进入休眠模式，下次运行之前需要"唤醒"仪器，可以选择手动和自动方式中途停止。手动中途停止可以通过依次点击"系统""停止"实现，自动中途停止可以通过设置停止标记位来实现："编辑"→"停止标记"，设置停止位，点击"OK"确认退出。

⑨数据管理：得到的数据可以通过文件的形式进行存储，点击"文件"→"保存"或"文件"→"保存为"。文件的导出点击"文件"→"导出/导入"→"导出"。

⑩关机：工作表中的样品序列运行结束后，仪器通常会自动进入休眠模式，此时仪器会关断氧气，燃烧炉温度会慢慢降低。关机步骤：

第一步，单击闹钟图标唤醒仪器。

第二步，将系统压力调节到 40 kPa。

第三步，将燃烧炉温度设置为 50℃。点击"选项"→"设置"→"参数"，"温度"设置为 50℃，点击"OK"，仪器开始降温。

第四步，当燃烧炉温度降到 100℃以下时，关闭钢瓶总阀。

第五步，当系统压力降到 20 kPa 以下时，关闭软件及仪器电源。

（3）注意事项

①由于多数盐的熔融温度为 700℃～800℃（如氯化钠为 800℃，氯化钙为 774℃），分析高盐分水样如果仍采用 850℃，可能会导致催化剂效率降低和燃烧管的脆裂。

②取样管路共两根管，一根是取样管，样品由该管道进入仪

器，另外一根为曝气鼓氧管。取样时鼓氧管末端一定要高于或者远离取样管末端，以免取样管吸入氧气而导致取样体积不准确，得到不正确的分析结果。

2.2.8　气相色谱－质谱联用仪（QP2010 Ultra）

（1）主要用途

QP2010 Ultra 是一款性能优良的气相色谱－质谱联用仪，可在较短时间内对多组分混合物进行定性分析，广泛应用于医药、环境、生物等领域，在不降低灵敏度、质谱图不失真的情况下，扫描速度可高达 20000 u/s，Scan/SIM 同时扫描，高灵敏度离子源提供高传输效率的离子光学系统，并实现离子源盒中温度的均一化，可以在待机模式时节约电量并减少载气消耗，效率高、样品通量大。该仪器主要用于森林土壤微生物群落、土壤和植物结构性物质含量的分析。

（2）操作流程

①定性分析。

a）打开氦气，调节分压阀至 0.6～0.8 MPa（瓶内气压低于 1 MPa时需换气），打开仪器主机右下角和左后方的电源开关，仪器预热完成后双击桌面图标"GC－MS"，进入测量界面。

b）点击助手栏中"真空控制"，点击"自动启动"，完成后点击"关闭"。

c）真空完成约 12 h 后，点击"调谐"，选择"峰监测窗"，执行检查泄漏（参考说明书参数要求），完成后点击"开始自动调谐"，完成后点击"文件"，选择"另存调谐文件"。

d）界面右上角 GC、MS 均准备就绪后，启动"GC－MS 实时分析"程序，单击"实时"助手栏中的"批处理"，"批处理表"窗口打开，单击"文件"，在下拉菜单中选择"新建批处理文件"。

e）单击"批处理"助手栏中的"向导"，"批处理表向导"窗口打开，进行设置，创建批处理表。

单击"新建"，选择"仅未知样品"，指定要使用的方法文件（TEST－STD－SIM），取消选中两个"数据处理"项目，单击"下一步"。

在"批处理表向导——流路/未知样品（1）"中进行设置，输入"瓶号"和"样品计数"，输入"进样体积（如 1 μL）"，单击"下一步"。

在"批处理表向导——流路/标准样品（2）"中进行设置，输入"数据文件名"，如果文件名的结尾是一个数字，则文件按顺序命名，取消选中"报告输出"，单击"完成"，对批处理表中"样品名称""数据文件"等进行更改。

f）单击"文件"下拉菜单中的"另存批处理文件"，在保存方法文件的位置打开文件夹，输入文件名并保存文件，把待测样品置于自动进样器，单击"批处理"助手栏中的"开始"，仪器执行批处理，其间若要停止批处理，单击"批处理"助手栏中的"停止"。

②定量分析。

定量分析除创建方法文件之外，需要创建组分表、SIM 表。

a）打开氦气，调节分压阀，打开仪器主机右下角和左后方的电源开关，仪器预热完成后双击桌面图标"GC－MS"，进入测量界面。

b）点击助手栏中"真空控制"，点击"自动启动"，完成后点击"关闭"。

c）真空完成约 12 h 后，点击"调谐"，选择"峰监测窗"，执行检查泄漏，完成后点击"开始自动调谐"，完成后点击"文件"，选择"另存调谐文件"。

d）界面右上角 GC、MS 均准备就绪后，启动"GC－MS 实时分析"程序，单击"实时"助手栏中的"批处理"，"批处理表"窗口打开，单击"文件"，在下拉菜单中选择"新建批处理文件"。

e）单击"批处理"助手栏中的"向导"，"批处理表向导"窗口打开，进行设置，创建批处理表。

单击"新建"，点击"标准和未知样品"，指定要使用的方法文件（C：\GCMSsolution\Sample\akane-24m），选择"定量"，单击"下一步"。

在"批处理表向导——流路/标准样品（1）"中进行设置，输入"瓶号"和"平均计数（重复次数）"，输入"进样体积（如 1 μL）"，单击"下一步"。

在"批处理表向导——流路/标准样品（2）"中进行设置，输入"数据文件名"，如果文件名的结尾是一个数字，则文件按顺序命名，单击"下一步"。

在"批处理表向导——流路/未知样品（1）"中进行设置，输入"瓶号"和"样品计数"，输入"进样体积（如 1 μL）"，单击"下一步"。

在"批处理表向导——流路/未知样品（2）"中进行设置，输入"数据文件名"，如果文件名的结尾是一个数字，则文件按顺序命名，取消选中"报告输出"，单击"完成"，对批处理表中"样品名称""数据文件"等进行更改。

f）单击"文件"下拉菜单中的"另存批处理文件"，在保存方法文件的位置打开文件夹，输入文件名并保存文件。把待测样品置于自动进样器，单击"批处理"助手栏中的"开始"，仪器执行批处理，其间若要停止批处理，单击"批处理"助手栏中的"停止"。

（3）注意事项

①严格按照正确的顺序开关机。

②弄清废液收集瓶和清洗液瓶的位置。

③仪器运行时，使用人应时常去观察仪器运行情况，若出现问题要及时上报管理人员。

④不要在仪器顶端放置任何东西，否则可能会阻塞排气口，造成仪器过热。

⑤安全使用氦气，设备不用时，应该关闭氦气瓶主阀门，防止意外发生。

2.3　森林土壤呼吸通量实验仪器

2.3.1　便携式光合仪（LI-6400）

（1）主要用途

LI-6400 便携式光合仪主要应用于测定植物叶片光合作用，在实验过程中可以控制叶片周围的 CO_2 浓度、H_2O 浓度、温度、相对湿度、光照强度和叶室温度等相关的环境条件，配置 6400-40 荧光叶室，可以同时测量植物叶片的气体交换、荧光参数和呼吸参数等指标。另外该仪器也可用于森林土壤 CO_2 浓度通量分析。

（2）操作流程

①日常检查。

仪器预热期间的检查：

a）检查温度：仪器主界面 h 行温度值分别为 Tblock、Tair、Tleaf，三者数值相差在 1℃ 以内，要求叶温热电偶的位置比黑色垫圈高约 1 mm。

b）检查光源：用手罩住光源，检查 g 行 ParIn-um 和 ParOut-um 读数是否为 0。

c）检查叶室混合扇：在测量菜单中，点击"2"，点击"F1"项，点击"0"关闭叶室混合扇，听分析器头部声音有无变化。

d）检查气路堵塞：在测量菜单中，点击"2"，点击"F2"项，设定流速为 1000 μmol/s，将化学管拧到完全"Bypass"位置，检查 b 行 flow 值能否达到 650 μmol/s 以上，能达到说明气路没有堵塞。

仪器预热后的检查：

a）检查 CO_2 和 H_2O IRGAS 零点：将两个化学管拧到"Scrub"位置，同时完全闭合叶室，保证叶室内无叶片，等待 5 min，参比室和样品室 CO_2 和 H_2O 的数值会降到 0 附近。如果 CO_2 读数在 ±5 μmol/L 以内、H_2O 读数在 ±0.5 mmol/mol 以内，表示仪器零点正常，如果不在数值范围内，可等 10 min 再进行观察。

b）检查叶室漏气：将两个化学管拧到完全"Scrub"位置，在叶室周围吹气，a 行样品室 CO_2 读数变化大于 2 μmol/L，说明叶室漏气。

c）匹配：每天开始测量之前，仪器应进行一次匹配；若在相同的 CO_2 浓度下做实验，则每 20～30 min 匹配一次；若每次测量都会改变 CO_2 浓度，则每改变一次 CO_2 浓度，进行一次匹配。

具体操作：点击"MATCH"键，当 CO_2R 和 CO_2S 数值接近时，自动出现"MATCHIRGAS"，点击之后点击"EXIT"键。最好等夹上叶片一段时间后进行匹配，如果出现"CO_2 has changed"，表示匹配不好。

②非控制环境条件的测量。

a）装好化学药品，连接硬件，因为从主机里直接导出数据耗时长，建议使用 CF 卡，将测量数据存入卡中。CF 卡插入主机后面的小槽内。

b）将两个化学管拧到完全"Bypass"位置，打开仪器电源，配置界面选择"FACTORY DEFAULT"，点击"Y"键进入主菜单，仪器预热约 20 min。

c）预热期间进行日常检查。

d）关闭光源"LAMP"，打开叶室，夹好待测的植物叶片，叶片尽量充满整个叶室。点击"1"，点击"F1（OPEN LOGFILE)"，选择将数据存入的位置（主机或 CF 卡），建立一个文件夹，点击"ENTER"，输入"REMARK"后再点击"ENTER"。

e）等待 a 行参数稳定，b 行参数 ΔCO_2 数值波动 $<0.2~\mu mol/mol$，Photo 数值稳定在小数点后一位，c 行参数在正常范围内（$0<Cond<1$、$Ci>0$、$Tr>0$），点击"F1（LOG)"键记录数据，也可在 e 行 stable 数值为 1 时进行记录。

f）更换叶片，点击"F4"，添加"REMARK"，进行另一个叶片的测量，至少半小时进行一次匹配。测量结束后，点击"F3（CLOSE FILE)"，保存数据文件，关闭文件，防止数据丢失。

g）导出数据：数据存入 CF 卡，取出 CF 卡，直接用读卡器导出数据；若数据保存于仪器主机，用 RS-232 数据线连接电脑和 LI-6400XT，点击"ESC"退至仪器主界面，点击"F5（UTILITY MENU)"，通过上下箭头选择"FILE EXCHANGE MODE"，在电脑上预先安装"SimFX"软件，双击打开"LI-6400 FileEX"，点击"FILE"，选择"PREFS"，选择"COM"端口，点击"CONNECT"，连接成功后，将文件传输到指定位置。

h）导出数据之后，点击"ESC"，退回到仪器主界面，关机。关机之后将两个化学管拧到中间松弛状态，旋转叶室固定螺丝，使叶室处于打开状态。

③控制环境条件的测量。

a）装好化学药品，连接硬件，使用 CF 卡时，将 CF 卡插入主机后面的小槽内，安装 LED 光源和 CO_2 注入系统。

b）打开仪器电源，配置界面选择 LED 光源，点击"Y"键进入主菜单，仪器预热约 20 min。

c）点击"F4"键进入测量菜单，进行日常检查。

d）将 CO_2 化学管拧到完全"Scrub"位置，将 Dessicant 化学管拧到完全"Bypass"位置，在测量菜单下，点击"2"，再点击"F3（CO_2 MIXER）"，点击"REFERENCE CO_2"，点击"EDIT"，设为 400，点击"KEEP"确定。打开光源"LAMP"，输入光强"PAR"为 1000，点击"ENTER"。

e）控制叶片温度，点击"2"，再点击"F4"，选择"BLOCK"温度，点击"ENTER"，输入测定温度，点击"ENTER"，回到测量菜单。点击"3"，再点击"F1（AREA）"，输入实际测量的叶片面积，仪器默认为 6 cm²。

f）打开叶室，夹好待测植物叶片，在测量菜单下，点击"1"，再点击"F1（OPEN LOGFILE）"，选择数据存入的位置（主机或 CF 卡），建立一个文件夹，点击"ENTER"，输入"REMARK"，再点击"ENTER"。

g）等待 a 行参数稳定，b 行参数 ΔCO_2 数值波动<0.2 $\mu mol/mol$，Photo 数值稳定在小数点后一位，c 行参数在正常范围内（0<Cond<1、Ci>0、Tr>0），点击"F1（LOG）"键记录数据，也可在 e 行 stable 数值为 1 时进行记录。

h）更换叶片，点击"F4"，添加"REMARK"，进行另一个叶片的测量，至少半小时进行一次匹配。测量结束后，点击"F3（CLOSE FILE）"，保存数据文件，关闭文件，防止数据丢失。

i) 导出数据: 数据存入 CF 卡, 取出 CF 卡, 直接用读卡器导出数据; 若数据保存于仪器主机, 用 RS-232 数据线连接电脑和 LI-6400XT, 点击 "ESC" 键退至仪器主界面, 点击 "F5 (UTILITY MENU)", 通过上下箭头选择 "FILE EXCHANGE MODE", 在电脑上预先安装 "SimFX" 软件, 双击打开 "LI-6400 FileEX", 点击 "FILE", 选择 "PREFS", 选择 "COM" 端口, 点击 "CONNECT", 连接成功后, 将文件传输到指定位置。

j) 导出数据之后, 点击 "ESC", 退回到仪器主界面, 关机。关机之后将两个化学管拧到中间松弛状态, 旋转叶室固定螺丝, 使叶室处于打开状态。

④光响应曲线的测量。

a) 装好化学药品, 连接硬件, 使用 CF 卡时, 将 CF 卡插入主机后面的小槽内, 安装 LED 光源。

b) 打开仪器电源, 配置界面选择 LED 光源, 点击 "Y" 进入主菜单, 仪器预热约 20 min。

c) 点击 "F4" 进入测量菜单, 进行日常检查。

d) 将两个化学管拧到完全 "Bypass" 位置, 在测量菜单下, 点击 "2", 再点击 "F3 (CO_2 MIXER)", 通过上下箭头键选择 "S) Sample CO_2 ××× μmol/mol", 点击 "ENTER", 设定 CO_2 浓度为环境 CO_2 浓度 (约 400 μmol/mol), 点击 "KEEP" 确定, 打开光源 "LAMP"。

e) 控制叶片温度, 点击 "2", 再点击 "F4", 选择 "BLOCK" 温度, 点击 "ENTER", 输入测定温度, 点击 "ENTER", 回到测量菜单。点击 "3", 再点击 "F1 (AREA)", 输入实际测量的叶片面积, 仪器默认为 6 cm^2。

f) 打开叶室, 夹好待测植物叶片, 在测量菜单下点击 "1", 再点击 "F1 (OPEN LOGFILE)", 选择数据存入的位置 (主机或 CF 卡），最好建立一个独立文件夹，点击"ENTER"，输入"REMARK"，点击"ENTER"。

g）点击"5"，再点击"F1（AUTO PROG）"，进入自动测量界面，通过上下箭头键选择"Light Curve 2"，点击"ENTER"，数据添加到之前建立好的文件夹，点击"SUMMARY"，点击"SETPTS"，点击"ENTER"，出现"Desired Lamp Settings"，自高到低设定光强梯度"1500 1200 1000 800 600 400 200 150 100 50 20 0"，数值间有一定空格，点击"ENTER"。"Minimum Wait Time（secs）"设为 120，点击"ENTER"；"Maximum Wait Time（secs）"设为 200，点击"ENTER"；"Match if ΔCO_2 less than（ppm）设为 100，点击"ENTER"；点击"Y"进入自动测量，点击"A－abort program"可中途停止测量。

设定光强梯度时一定要清零，点击"HOME"，回车，梯度点一般为 10～13 个，一般在 200 以下多设梯度点，阳生植物在 20～150 之间至少设 5 个梯度点。

h）点击"1"，再点击"F3（CLOSE FILE）"保存文件，更换叶片再次进行测量。

i）导出数据：数据存入 CF 卡，取出 CF 卡，直接用读卡器导出数据；若数据保存于仪器主机，用 RS－232 数据线连接电脑和 LI－6400XT，点击"ESC"退至仪器主界面，点击"F5（UTILITY MENU）"，通过上下箭头选择"FILE EXCHANGE MODE"，在电脑上预先安装"SimFX"软件，双击打开"LI-6400 FileEX"，点击"FILE"，选择"PREFS"，选择"COM"端口，点击"CONNECT"，连接成功后，将文件传输到指定位置。

j）导出数据之后，点击"ESC"，退至仪器主界面，关机。关机之后将两个化学管拧到中间松弛状态，旋转叶室固定螺丝，使叶室处于打开状态。

⑤CO_2响应曲线的测量。

a）装好化学药品，连接硬件，使用 CF 卡时，将 CF 卡插入主机后面的小槽内，安装 LED 光源。

b）打开仪器电源，配置界面选择 LED 光源，点击"Y"进入主菜单，仪器预热约 20 min。

c）点击"F4"进入测量菜单，进行日常检查。

d）安装 CO_2 钢瓶，更换 O 形圈，小苏打化学管拧到完全"Scrub"位置，干燥剂化学管拧到完全"Bypass"位置。

e）CO_2 混合器校准：点击"2"，再点击"F3"，通过上下箭头键选择"S) Sample CO_2 ××× μmol/mol"，点击"ENTER"，设定 CO_2 浓度为环境 CO_2 浓度（约 400 μmol/mol），点击"ENTER"，将 CO_2 注入系统，预热 1 min 左右，点击"ESCAPE"键退回到测量菜单，点击"F3（CALIB MENU）"，选择"CO_2 MIXER CALIBRATE"，点击"ENTER"，点击"YES"。如果 CO_2 浓度高于 2000 μmol/mol，且达到稳定，仪器将自动提示，点击"Y"，仪器开始自动进行 8 点校准，完成后提示"IMPLEMENT THIS CALIBRATE?"点击"Y"，然后点击"ESC"退出。

f）点击"2"，再点击"F5（PAR）"，通过上下箭头键选择"Q) Quantum Flux ××× mol/m^2/s"，点击"ENTER"，设定饱和光强为 1000（根据光响应曲线确定），点击"KEEP"。

g）打开叶室，夹好待测植物叶片，点击"1"，再点击"F1（OPEN LOGFILE）"，选择数据存入的位置（主机或 CF 卡），建立一个文件夹，点击"ENTER"，输入"REMARK"，再点击"ENTER"。

h）点击"5"，再点击"F1（AUTO PROG）"，进入自动测量界面，通过上下箭头键选择"A－Ci Curve 2"，点击

"ENTER"，数据添加到之前建立好的文件夹，点击"SUMMARY CO_2"，点击"ENTER"，出现"Desired CO_2 Settings"，自高到低设定 CO_2 浓度梯度（1500 1200 1000 800 600 400 300 200 100 50 0），数值间有一定空格，点击"ENTER"。"Minimum Wait Time（secs）"设为 60，点击"ENTER"；"Maximum Wait Time（secs）"设为 300，点击"ENTER"；"Match if ΔCO_2 less than（ppm）"设为 100，点击"ENTER"；点击"Y"键进入自动测量，点击"A－abort program"可中途停止测量。

i）点击"1"，再点击"F3（CLOSE FILE）"保存文件，更换叶片再次进行测量。

j）导出数据：数据存入 CF 卡，取出 CF 卡，直接用读卡器导出数据；若数据保存于仪器主机，用 RS－232 数据线连接电脑和 LI－6400XT，点击"ESC"退至仪器主界面，按"F5（UTILITY MENU）"，通过上下箭头选择"FILE EXCHANGE MODE"，在电脑上预先安装"SimFX"软件，双击打开"LI-6400 FileEX"，点击"FILE"，选择"PREFS"，选择"COM"端口，点击"CONNECT"，连接成功后，将文件传输到指定位置。

k）导出数据之后，点击"ESC"，退至仪器主界面，关机。关机之后将两个化学管拧到中间松弛状态，旋转叶室固定螺丝，使叶室处于打开状态。

（3）注意事项

①叶片选择：选择生长环境一致、叶龄一致、无相互遮挡、生长状况良好的叶片，测量时尽量保持叶片原来的状态。

②测定时间：上午 9 点至 11 点。

③测定光响应曲线和 CO_2 响应曲线之前，应进行光诱导。

④同一天测定光响应曲线和 CO_2 响应曲线时，尽量使用不同

的叶片，叶片条件尽量一致。

⑤叶片取样用于分子生物学分析时，取样后立即放在液氮罐中保存，拿回实验室后应在$-70℃$冰箱保存。

⑥更换CO_2钢瓶时，将小苏打化学管拧到完全"Scrub"位置，干燥剂化学管拧到完全"Bypass"位置（更换之前先调零）。每更换一次CO_2钢瓶更换一个O形圈，CO_2钢瓶自装上开始，瓶内气体将在$8\ h$内自动耗尽。

⑦当$2/3$干燥剂达到红色时，应更换干燥剂（循环利用）。

2.3.2　土壤碳通量自动测量系统（LI-8100A）

（1）主要用途

LI-8100A土壤碳通量自动测量系统能够对土壤CO_2流量进行长期和短期测量，对土壤环境的影响很小。该系统在同一位置自动监测土壤CO_2通量的日变化，时间可达数月。通过连接其他环境传感器，如太阳辐射、土壤温度和土壤水分传感器等，该系统可用于研究环境条件变化与土壤CO_2通量的相关性。土壤CO_2通量在时间和空间上受多种物理和生物过程的影响，长期、连续、准确地测量土壤碳通量，对陆地生态系统碳通量研究具有重要意义。

（2）操作流程

①连接硬件。

a）AIR IN：是连接有黑色套管的接口，接口形状为针形，连接时直接插入，取出时往下按。

b）AIR OUT：接口形状为非针形，连接时直接插入，取出时直接拔出。

c）AIR IN和AIR OUT下面的接口为BELLOWS，形状为针形，连接时直接插入，取出时往下按。

d）CHAWBER：连接时连接有黄色套管的接口，接口有一个卡口，对准插入，作用是控制测量底座，打开仪器电源后，底座往下移动表示接口连接好。

e）水分测量接口下面有一个分支接口，用于连接温度探测器，探测器针头插至地下 5 cm 进行土壤温度测量，而水分探测器则需将针头全部插入地下。

②装存储卡。

拧松主机四周的螺丝，取下后右边有两个卡槽，分别为数据存储卡（上）和无线网卡（下）的卡槽，取出时按卡槽旁边的按钮即可。

③正式测量。

a）打开仪器主机，装上一节电池，把测量底座放到土壤环上。

b）打开主机电源，主机显示"IRGA READY"后，可以进行正式测量。

c）iPad 装入电池，回到 iPad 主界面，右下角有一个"IX"网络标志，点击后再点击"WiFi"连接。连上后，点击左上角"iPad Wireless"，选择"LI8100A－Winmobile－4.0"，点击"CONNECT BY TCP/IP"，点击"USE"，点击"OK"。

d）进入测量界面之后，点击左下角"MENU"，选择"SETUP"，点击"START MEASUREMENT"，设置参数。"FILE NAME"：文件名；"COMMENTS"：处理名称；"CHAMBER OFFSET"：距离呼吸底座的高度；"TREATMENT LABEL"：重复次数。设置完成后，点击"START"开始测量，此时呼吸底座往下移动。测量下一个土壤环，点击"APPEND DATA TO FILE"，点击"SEND"。

e）测量完成后，关闭主机电源，取出电池，松开所有接口，关闭 iPad。

（3）注意事项

①LI－8100A 各硬件需正确连接，针脚无损坏、扭曲。

②iPad 和电池应提前充电，日期设置要准确，便于日后数据分析。

③土壤水分传感器应垂直插入土中，与土壤表面接触良好。

④土壤环需提前安置，尽可能减小土壤的影响。

⑤打开仪器主机，盒子内右下角装有温度探测器（红色）和底座接口（黑色）的保护套，应确保实验过程中不丢失。

2.4　森林土壤生物学实验仪器

2.4.1　Leica 体式显微镜（EZ4）

（1）主要用途

Leica 体式显微镜具有 10 倍、20 毫米视野高眼点目镜，4.4：1 连续变倍比，内置 25000 h 的冷光源，6500 K 白光色温，同时具备透射/反射照明，主要用于土壤动物分类和计数。

（2）操作流程

①插上显微镜电源线，打开显微镜左右两边靠里的灯。

②调节亮度：旋动显微镜左右两边靠外的螺钮。双手同时操作，调节亮度大小。

③放置样品：样品放入培养皿，培养皿中加入少量水，使样品不漂浮，这样观察时就不会出现两层。观察过程中可用解剖针翻动样品。

④通过调节显微镜高度、焦距等方式清楚观察样品。

调节高度：拧松仪器背后黑色螺钮（手握主机，以免坠落），向上向下进行调节。双手同时操作进行调节。

⑤如需电脑拍照，打开电脑，打开软件"10Moons SDK－2000"，点击"保存当前图像"，保存后点击"退出"。

（3）注意事项

①擦镜头时，擦镜纸对折，从中间向周围擦，每次实验完毕，镜身要用纱布擦干净。

②载物台上的载玻片和盖玻片需保持清洁，切勿污染物镜或其他部件。

③实验结束后，将载物台降到最低点，并移开镜头。

2.4.2 普通 PCR 仪（C1000）

（1）主要用途

C1000 普通 PCR 仪由 BIO－RAD 公司生产，应用于 PCR 扩增、克隆、循环测序、基因表达及诱变的研究。

（2）操作流程

①打开仪器背后的开关，仪器进行自检，时间一般为 2～3 min。

②放置样品：将绿色的固定架放入仪器内部，固定架两边有长短之分，短的一边朝下放置。用离心管装 25～50 μL 的样品溶液，盖好后放入固定架的小针孔内，盖上仪器门盖，朝"TIGHTEN"方向旋紧，听见响一声即可。

③点击"RUN"，选择"PREVIOUS RUN"，选择方法，点击"RUN"，设置参数："Cycle"一般不设置，"Block"为样品槽，有 A 和 B 两个样品槽，选择即可，若 A、B 样品槽均选，点击左下"SELECT ALL"。设置完后，点击"ENTER"，此时出现"V"，点击"RUN"键。

④设置样品体积"SAMPLE VOLUME"，设置完后点击"OK"键，点击"RUN"，"LID TEMPERATURE"保持 105℃不变。当样品槽灯亮时，测定开始，此时仪器进行加热，界面显

示"CYCLER BLOCK STATUS，LID PREHEATING"。

⑤测定过程中，点击"STATUS"可查看剩余时间"REMAINING"。点击"MAIN MENU"，回到仪器主界面，显示"RUNNING"表示测定正在进行。点击"STATUS"回到正在测定的界面。测定期间需要取消，可点击"CANCLE RUN"，测定结束后关机。

（3）注意事项

①PCR 仪使用时环境的温度要恒定，工作环境的温度不能过高或过低，最好在有空调的房间中使用。

②实验结束后即关闭仪器电源。

2.4.3　实时定量 PCR 仪（CFX96）

（1）主要用途

CFX96 实时定量 PCR 仪由 BIO－RAD 公司生产，激发光/发射光波长范围为 450～730 nm，反应管样品容量为 960.2 mL，温度梯度范围为 30℃～100℃。可同时检测 5 个目标基因，节约试剂和样品，使用温度梯度功能，可以使用多个参照基因进行基因表达分析。

（2）操作流程

①打开电脑和 PCR 仪，同时打开 UPS 稳压器。

②放置样品：待仪器自检完成后，打开"BIO-RAD CFX Manager"软件，点击"UPDATE"，选择"CANCLE"，点击"STARTUP WIZARD"，点击"CANCLE"，确认仪器主界面上方显示"CFX CCO15814"后，点击"OPEN LID"，主界面显示"STARTUP SUCCESSFUL"时，直接放入样品，此时不需要放入固定架。

③样品测定：点击"FILE"，选择"OPEN"，点击"PROTOCOL"，点击"桌面"，选择"FUNGI5"，点击"OK"，

此时出现"RUN SETUP"界面，选择"PLATE"，点击"EXPRESS LOAD（1…12）"，选择"EDIT SELECTED"，用鼠标全部选上，点击"SCAN MODE"，此时出现"SYBR/FAM ONLY"，选择"SELECT FLUOROPHORE"，当"SELECT FLUOROPHORE"界面变为绿色后，选上"√"，点击"OK"，选择"SAMPLE TYPE"，点击"UNKNOWN"，选中待测的样品后点击"SYBR"。

④如果配有标准曲线，选中标准曲线，点击"SAMPLE TYPE"，选择"STANDARD"，进行标准曲线梯度序号的设定，选择"REPLICATE SERIES"，点击"VERTICAL（纵向）"，选择"APPLY"，设定浓度梯度，点击"DILUTION SERIES"，设置"CONCENTRATION（浓度）"，"FROM"设为1，"TO"设为7，"DILUTION FACTOR"设为10.000，设定好后点击"APPLY"，点击"OK"，保存后点击"RUN SETUP"，选择"START RUN"，点击"CLOSE LID"，待"START RUN"灯亮后，选中，保存之后，仪器开始测量。

⑤实验结束后，先关闭测量软件，再关闭仪器主机，最后关闭电脑。

（3）注意事项

①按照正确的开关机顺序操作。开机顺序：电脑→PCR仪主机→PCR仪收集软件（主机面板上的绿灯亮后），关机顺序则相反。

②实验结束后即关闭电源。

2.4.4　凝胶成像系统（GEL DOC XR⁺）

（1）主要用途

GEL DOC XR⁺凝胶成像系统可应用于凝胶电泳和转印膜的数字成像和分析。该系统包括密封暗箱、摄像头、白光和UV

光源、带琥珀型滤片的滤片环、UV 保护挡板。

（2）操作流程

①打开凝胶成像系统背后电源开关，开启电脑。

②拉开仪器主机下面的样品槽，把样品胶放到样品槽的中间位置，不能用手直接接触样品槽。

③打开"Imagelab"软件，点击"新建"，点击"应用程序"，点击"选择"，点击"核酸凝胶"，点击"ETHIDIUM BROMIDE"，点击"放置凝胶"，点击"FILTER POSITION"，点击"滤光片 1"，点击"确定"，此时仪器主机上面的黑杆移到滤光片 1 的位置。

④通过"照相机缩放"观察样品胶，样品胶位置不合适时可以重新调整，点击"运行实验协议"，选择"保存"，实验结束后关闭软件，关闭仪器主机和电脑。

（3）注意事项

①在将样品胶放入样品槽之前，应先在样品槽内铺一层保鲜膜，防止样品胶污染样品槽。

②实验结束后，将样品胶放到指定的回收地点，以防污染。

2.4.5 光密度扫描仪（GS-800）

（1）主要用途

GS-800 光密度扫描仪由 BIO-RAD 公司生产，其分辨率为 36.3 μm，波长范围为 400~750 nm，动力学线性范围为 0~3 OD，采用 12 位（4096 色）数据采集模式，彩色 CCD 摄像头可对任何有颜色的样品进行实时、高灵敏、高精度的扫描。其具有较高的精确度和分辨率，可分析蛋白电泳胶片、X 线胶片、动植物压缩标本等多种透明、半透明和不透明的物质。

（2）操作流程

①加密狗插入电脑，打开扫描仪电源进行预热，仪器开关上

面的两个灯均亮起时，表示仪器预热完成，打开电脑。

②打开"Quantity one"软件，点击"BASIC"，在"QUANTITY ONE BASIC"界面点击"SELECT SCANNER"，选择"GS－800"，点击"STEP Ⅰ"，选择"APPLICATION"下拉菜单中的"SELECT"，点击"GEL"，点击"SILVER STAIN"。

③点击"STEP Ⅱ"，选择"PREVIEW SCAN"，扫描完后点击"STOP"。

④用鼠标选中所需观察的样品胶位置，点击"STEP Ⅲ"，选择"SELECT"，点击"不同的分辨率"进行设定，选择好后点击"DONE"，再点击"ACQUIRE"。

⑤如果扫描完成的图片出现黑白相间的现象，说明仪器预热时间不足。如果图片正常，关闭"QUANTITY ONE"，此时出现"SAVE:?"，点击"SAVE"进行图片保存。

（3）注意事项

电脑上必须安装"Imagelab"软件，扫描的图片才能打开。

一些其他的土壤生物学实验仪器概述见表2－2。

表2－2　土壤生物学实验其他仪器概述

仪器名称	主要用途	注意事项
Milli－Q超纯水机	超纯水制造	注意避免滋生细菌，不能放空水箱。电阻率达到18.2说明水质没问题，可以正常取水。水箱每年需用 NaOH 清洗
灭菌锅	土壤、植物等样品灭菌	使用前检查灭菌锅高水位灯是否亮着，不亮则需向灭菌锅内加入蒸馏水。灭菌完成后，待压力降到 0 后，拉开排气阀，开盖取出样品即可。如果样品是液体，灭菌完成后静置的时间应该更长

3 土壤相关指标测定

3.1 土壤样品采集与处理

3.1.1 土样采集

（1）采集前的准备工作

根据研究目的选择具有代表性的土壤，确定采样地点，了解采样地区的生物气候等情况，决定采样时间。动手采样前应对采样地区的土壤、生物、气候等环境因子，如地形、植被、土壤剖面形态、土壤水温状况、pH 值、有机质含量、质地等，进行调查并记录。采样所用的工具、包装用塑料袋和其他器皿均应事先灭菌或用要采集的土壤擦拭。

（2）采样程序

①除去地表面的植被和枯枝落叶。

②铲除 1 cm 左右的地表土壤，以避免地面微生物与土样中微生物混杂。

③多点采取重量大体相当的土样，置于塑料布上，剔除石砾、植被残根等杂物，混匀后取一定量装袋。取样点可以通过对角采样的办法或根据地形情况决定，也可以用随机取样或系统取

样的方法决定取样点。

④取样深度依研究设计来定，在同一剖面中分层取样时，应在挖好剖面后，先取下层土样，再取上层土样，以避免上下层土样混杂。

3.1.2 土样制备与保存

从野外取回的土样，经登记编号后，都需经过一个制备过程——风干、磨细、混匀、装瓶，以备各项测定之用。

样品制备的目的：剔除土壤以外的侵入体（如植物残茬、昆虫、石块等）和新生体（如铁锰结核和石灰结核等），以除去非土壤部分；适当磨细，充分混匀，使分析时所称取的少量样品具有较高的代表性，以减少称样误差；全量分析项目，样品需要磨细，以使分解样品的反应能够完全和彻底地进行；样品可以长期保存，不致因微生物活动而霉变。

（1）新鲜样品和风干样品

为了样品的保存和工作的方便，从野外采回的土样都要先进行风干。但是，由于在风干过程中，有些成分如低价铁、铵态氮、硝态氮等会发生很大的变化，所以对这些成分的分析一般均用新鲜样品。实验室测定土壤速效磷、钾，样品仍以风干土为宜。采集到的土壤样品应尽快进行分析，存放的时间越短越好，鲜土需要在4℃以下保存，风干土样则需要避光保存。

（2）样品的风干、制备和保存

①风干：将采回的土样，放在木盘中或塑料布上，摊成薄薄的一层，置于室内通风阴干。在土样半干时，须将大土块捏碎（尤其是黏性土壤），以免完全干后结成硬块，难以磨细。风干场所要求干燥通风，并要防止酸蒸气、氨气和灰尘的污染。样品风干后，应拣去动植物残体如根、茎、叶、虫体等和石块、结核（石灰、铁、锰），如果石子过多，应当将拣出的石子称重，记下

其所占的百分比。

②粉碎过筛：风干后的土样，倒入钢玻璃底的木盘中，用木棍研细，使之能全部通过 2 mm 孔径的筛子。充分混匀后用四分法分成两份，一份用于物理分析，另一份用于化学分析。作为化学分析用的土样还需进一步研细，使之能全部通过 1 mm 或 0.5 mm孔径的筛子。1927 年国际土壤学会规定：能通过 2 mm 孔径的土壤可用于物理分析，能通过 1 mm 孔径的可用于化学分析，人们一直沿用这个规定。

但近年来很多分析项目趋向用半微量的分析方法，这种方法称样量减少，要求样品的细度增加，这样可以降低称样的误差。因此现在有人提出样品应通过 0.5 mm 孔径的筛子。但必须指出，土壤 pH 值、交换性能、速效养分等测定要求样品不能研得太细，因为研得过细，容易破坏土壤矿物晶粒，使分析结果偏高。同时要注意，土壤研细主要是使团粒或结粒破碎，这些结粒是由土壤黏土矿物或腐殖质胶结起来的，而不能破坏单个的矿物晶粒。因此，研碎土样时，只能用木棍滚压，不能用榔头锤打。因为晶粒被破坏后，会暴露出新的表面，增加有效养分的溶解。

③保存：一般样品用磨口塞的广口瓶或塑料瓶保存半年至一年，以备必要时查核之用，样品瓶上标签须注明样号、采样地点、土类名称、试验区号、深度、采样日期等项目。

3.2 土壤理化性质测定

3.2.1 土壤温度测定

土壤温度可用纽扣式温度计测定，通常测量土壤有机层温度时温度计应埋入距地表 5 cm 的深处，测量矿质土壤层温度应埋入距地表 20 cm 的深处，可根据实际土层厚度调整深度，可实现土壤温度连续观测，每 3 个月下载一次数据。

3.2.2 土壤水分测定

（1）方法原理

土壤样品在 $(105\pm2)℃$ 条件下烘至恒重时的失重，即为土壤样品所含水分的质量。根据土壤含水量可计算出以水层厚度（mm）表示的不同土层内的水贮量。

（2）仪器设备

土钻；土壤筛：孔径 1 mm；铝盒：小型的直径约 40 mm、高约 20 mm，大型的直径约 55 mm、高约 28 mm；分析天平：感量为 0.001 g 和 0.01 g；小型电热恒温烘箱；干燥器：内盛变色硅胶或无水氯化钙。

（3）土样的选取和制备

①风干土样：选取有代表性的风干土壤样品，压碎，通过 1 mm 筛，混合均匀后备用。

②新鲜土样：在田间用土钻取有代表性的新鲜土样，刮去土钻中的上部浮土，取所需深度处的土壤约 20 g，捏碎后迅速装入已知准确质量的大型铝盒内，盖紧，装入木箱或其他容器，带回室内，将铝盒外表面擦拭干净，立即称重，尽早测定水分。

（4）测定步骤

①风干土样水分的测定：取小型铝盒在 105℃ 恒温烘箱中烘烤约 2 h，移入干燥器内冷却至室温，称重，精确至 0.001 g。用角匙将风干土样拌匀，舀取约 5 g，均匀地平铺在铝盒中，盖好，称重，精确至 0.001 g。将铝盒盖揭开，放在盒底下，置于已预热至 $(105\pm2)℃$ 的恒温烘箱中烘烤 6 h。取出，盖好，移入干燥器内冷却至室温（约需 20 min），然后立即称重。风干土样水分的测定应做两份平行测定实验。

②新鲜土样水分的测定：大型铝盒事先烘干，分析天平上称重盛有新鲜土样的大型铝盒，精确至 0.001 g。揭开盒盖，放在盒底下，置于已预热至（105±2）℃的恒温烘箱中烘烤 12 h。取出，盖好，在干燥器中冷却至室温（约需 30 min），然后立即称重。新鲜土样水分的测定应做三份平行测定实验。

注：烘烤规定时间后一次称重，即为"恒重"。

（5）结果计算

$$水分（\%）=\frac{m_1-m_2}{m_1-m_0}\times100\%$$

式中：

m_0——烘干空铝盒质量，g；

m_1——烘干前铝盒及土样质量，g；

m_2——烘干后铝盒及土样质量，g。

平行测定的结果用算术平均值表示，保留小数后一位。

平行测定结果的相差：水分小于 5% 的风干土样不得超过 0.2%，水分为 5%~25% 的潮湿土样不得超过 0.3%，水分大于 15% 的大粒（粒径约 10 mm）黏重潮湿土样不得超过 0.7%（相当于相对相差不大于 5%）。

3.2.3 土壤容重测定

土壤的容重是土壤固相物质的重量与原状土壤体积（固相体积＋孔隙体积）的比值。

（1）测定步骤

①在田间选择挖掘土壤剖面的位置，按要求挖掘土壤剖面，如只测量耕层土壤容重，则无须挖掘剖面。

②用修土刀修平土壤剖面，并记录土壤剖面的形态特征，按剖面层次分层采样，耕层重复 4 次，下面层每层重复 3 次。

③将环刀托放在已知重量的环刀上，在环刀内壁擦上些许凡

士林，将环刀刀口向下压入土中，直至环刀充满土为止。

④用修土刀切开周围的土样，取出已经充满土的环刀，削去环刀两端多余的土壤，并擦干净环刀外壁的土壤。同时，在同层取样处，用铝盒采样，用于测定土壤含水量。

⑤把装有土样的环刀两端立即加盖，以避免水分蒸发，随即称重。

⑥将装有土样的铝盒烘干称重，测定土壤含水量，或者直接从环刀内取出土样测定土壤含水量。

（2）结果计算

$$Pb = \frac{100 \times m}{V \times (100 + \theta_m)}$$

式中：

Pb——土壤容重，g/cm^3；

m——环刀内湿土的质量，g；

V——环刀容积，cm^3；

θ_m——样品含水量，%。

3.2.4 土壤比重测定

土壤的比重是土壤同相物质的重量与纯粹固相体积的比值。

（1）测定步骤

①称量通过 1 mm 筛的土壤风干样品 10.000g（精确到0.001 g），装入容积为 50 mL 的比重瓶内。

②向瓶内加注蒸馏水，约至容积的一半，缓慢摇动，使土样充分湿润，与水混合均匀。

③将比重瓶置沙浴上加热煮沸，保持 1 h，其间需经常摇动比重瓶，以驱逐土壤中的空气。

④冷却比重瓶，再加入蒸馏水至略低于瓶颈处，静置澄清。

⑤澄清后，稍加蒸馏水至瓶颈，塞好瓶塞，使多余水分

溢出。

⑥用滤纸擦干水，称重（精确到 0.001 g）（g_2），同时用温度计测定瓶内水温 t_1（精确到 0.1℃）。

⑦另做一次不加土壤、只有蒸馏水注满时的称重（g_1）。

（2）结果计算

$$ds = \frac{g}{g + g_1 - g_2} dw$$

式中：

ds——土壤比重，g/cm^3；

dw——t_1℃时蒸馏水的密度，g/cm^3；

g——烘干后的土重（由吸湿系数换算），g；

g_1——t_1℃时比重瓶重＋水重，g；

g_2——t_1℃时比重瓶重＋水重＋土样重，g。

3.2.5 土壤孔隙度测定

有了土壤的容重和比重，就可直接计算土壤的孔隙度，公式如下：

$$P（\%）=(1 - Pb / ds) \times 100\%$$

式中：

P——土壤孔隙度，%；

Pb——土壤容重，g/cm^3；

ds——土壤比重，g/cm^3。

3.2.6 土壤酸碱度测定

（1）试剂制备

①pH 标准缓冲液：将 pH 4.00、pH 6.84、pH 9.18 对应的 pH 缓冲剂溶于蒸馏水，定容至 250 mL。

②氯化钾溶液（1.0 mol/L）：74.6 g 氯化钾（KCl，化学

纯）溶于 400 mL 蒸馏水中，该溶液 pH 值应在 5.5～6.0，然后稀释至 1 L。

③氯化钙溶液（0.01 mol/L）：147.02 g 氯化钙（$CaCl_2 \cdot 2H_2O$，化学纯）溶于 200 mL 蒸馏水中，定容至 1 L，即为 1.0 mol/L 氯化钙溶液。吸取 10 mL 1.0 mol/L 氯化钙溶液于 500 mL 烧杯中，加 400 mL 蒸馏水，用少量氢氧化钙或盐酸调节 pH 值至 6 左右，然后定容至 1 L，即为 0.01 mol/L 的氯化钙溶液。

（2）测定步骤

①待测液的制备：称取过 2 mm 筛的风干土样 10 g，置于 50 mL 高型烧杯中，加入 25 mL 去离子水或 1.0 mol/L 氯化钾溶液（酸性土测定用）或 0.01 mol/L 氯化钙溶液（中性土、石灰性土或碱性土测定用）。称 5 g 枯枝落叶层或泥炭层样品，加蒸馏水或盐溶液 50 mL，用玻璃棒剧烈搅动 1～2 min，静置 30 min，此时应避免空气中氨或挥发性酸等的影响。

②仪器校正：用与土壤浸提液 pH 值接近的 pH 标准缓冲液校正仪器，使标准缓冲液的 pH 值与仪器标度上的 pH 值相一致。

③测定：上述相同条件下，把玻璃电极与甘汞电极插入土壤悬液中，测定 pH 值。每份样品测完后，即用蒸馏水冲洗电极，并用干滤纸将蒸馏水吸干。

3.3 土壤碳组分测定

3.3.1 土壤总有机碳测定

（1）试剂制备

①重铬酸钾溶液（0.8 mol/L）：取 39.2245 g 重铬酸钾

（$K_2Cr_2O_7$，分析纯），加 400 mL 蒸馏水，加热溶解，冷却后定容至 1 L。

②硫酸亚铁溶液（0.2 mol/L）：取 55.60 g 硫酸亚铁（$FeSO_4 \cdot 7H_2O$，化学纯）溶于 1 L 蒸馏水（加浓硫酸 15 mL 防止氧化），用 0.1 mol/L 的 $K_2Cr_2O_7$ 标准溶液标定。

③邻菲罗啉指示剂：取 1.4850 g 邻菲罗啉（$C_{12}H_8N_2 \cdot H_2O$）与 0.6950 g 硫酸亚铁（$FeSO_4 \cdot 7H_2O$）溶于 100 mL 蒸馏水，贮存于棕色瓶。

④浓硫酸：密度为 1.84 g/mL，分析纯。

（2）测定步骤

①称样：称取自然风干后，过 100 目（0.149 mm）筛的风干土样 0.01 g 左右，置于消煮管底部。

②加粉末状硫酸银 0.1 g，然后准确加入 5 mL 重铬酸钾溶液和 5 mL 浓硫酸，摇匀，放在预热到 220℃～230℃的消煮炉上消煮 15 min，冷却后洗涤转移消煮管内所有液体（洗后液体体积为 50 mL 左右），加 4 滴邻菲罗啉指示剂。

③用标定的硫酸亚铁滴定残余重铬酸钾，溶液颜色变化为橙黄→灰绿→棕红。

注：当样品滴定所用硫酸亚铁的体积达不到空白标定所用硫酸亚铁的体积的 1/3 时，则需要减少土样的重量，每批样品做 2~3 个二氧化硅（0.5 g）空白标定。

（3）结果计算

$$OM(\%) = \frac{\frac{c \times V_1}{V_0} \times (V_0 - V) \times M \times 1.724 \times 1.08}{m \times 10^3} \times 100\%$$

式中：

OM——土壤中有机质的质量分数，%；

c——重铬酸钾标准溶液的浓度，mol/L；

V_1——加入重铬酸钾标准溶液的体积，mL；

V_0——空白标定用去的硫酸亚铁溶液体积，mL；

V——滴定用去的硫酸亚铁溶液体积，mL；

M——1/4 碳的摩尔质量，M（1/4 碳）$=3$ g/mol；

10^3——将 mL 转换为 L 的换算系数；

1.08——氧化校正系数（按平均回收率 92.6% 计算）；

1.724——将有机碳换算成有机质的系数（按土壤有机质的平均含碳量为 58% 计算）；

m——风干土样的质量，g。

3.3.2 土壤溶解性有机碳测定

称取过 2 mm 筛新鲜土样 10 g，加入去离子水 50 mL（水土比例 5:1），密封上振荡器持续振荡 4 h，用定性滤纸过滤，收集滤液，用 0.45 μm 滤膜再次过滤滤液，然后液体上机即可。溶解性有机碳占土壤总有机碳的比例很小，一般不作为衡量有机碳质量的重要指标。但是它作为微生物生长的主要养分，在提供土壤养分方面具有重要作用。

3.3.3 土壤易氧化有机碳测定——高锰酸钾氧化法

（1）试剂制备

①标准 333 mmol/L KMnO$_4$ 溶液：称取 26.307 g KMnO$_4$，溶于装有 500 mL 蒸馏水的扩散皿中，盖上表面皿，加热至沸并保持微沸状态 1 h，冷却后于室温放置 2～3 d 后，用砂芯漏斗过滤，滤液贮存于清洁带塞的棕色瓶中。

②标准 33.3 mmol/L KMnO$_4$ 溶液：吸取 333 mmol/L KMnO$_4$ 溶液 50 mL，定容到 500 mL。

③标准 3.33 mmol/L KMnO$_4$ 溶液：吸取 33.3 mmol/L KMnO$_4$ 溶液 100 mL，定容到 1 L。

（2）测定步骤

①25℃条件下，取三份含有 15 mg 碳的土壤样品，装入 50 mL 离心管内，加 333 mmol/L 的 $KMnO_4$ 溶液 25 mL，密封瓶口，25 r/min 振荡 1 h。

②振荡后的样品以 2000 r/min 离心 5 min，然后用移液枪取上清液 0.4 mL，用蒸馏水按 1∶250 稀释，装入 100 mL 的容量瓶中。

③设置无土空白样品，重复进行上述操作步骤。

④制作标准曲线。移液枪分别吸取 33 mL、34 mL、35 mL、36 mL、37 mL、38 mL、39 mL、40 mL 3.33 mmol/L 的 $KMnO_4$ 溶液转入 100 mL 容量瓶，定容。则该系列的 $KMnO_4$ 浓度为：1.099 mmol/L、1.132 mmol/L、1.166 mmol/L、1.199 mmol/L、1.232 mmol/L、1.265 mmol/L、1.299 mmol/L、1.332 mmol/L，以高锰酸钾浓度为横坐标、吸光值为纵坐标制作标准曲线。

⑤将无土空白样品和土壤样品容量瓶中的液体在 565 nm 分光光度计上比色，读取吸光值。根据高锰酸钾溶液的消耗量，可求出易氧化有机碳土壤样品的碳含量。每消耗 1 mmol 高锰酸钾溶液相当于氧化 0.75 mmol 碳（或 9 mg 碳）。

3.3.4　土壤惰性有机碳测定——硫酸水解法

（1）试剂制备

①2.5 mol/L 硫酸：吸取 133.15 mL 浓硫酸定容到 1 L。

②13 mol/L 硫酸：吸取 173.10 mL 浓硫酸定容到 250 mL。

（2）测定步骤

①称取过 0.3 mm 筛风干土样 0.5 g 于 50 mL 离心管中，加入 20 mL 2.5 mol/L 硫酸，放入水浴锅中水解（100℃，30 min），水解后离心 5 min（5000 r/min），上清液转移至

100 mL 三角瓶内，再用 20 mL 去离子水冲洗离心管中的样品，再离心 5 min（5000 r/min），清洗液同样倒入三角瓶内，这部分液体包含的碳即为土壤活性炭库Ⅰ（Labile carbon pool Ⅰ，LCP-Ⅰ）。

②剩余土壤残渣用 2 mL 13 mol/L 硫酸在室温下浸提一夜，然后提取液用去离子水稀释到 1 mol/L（24 mL 去离子水稀释），再在水浴锅中水解（100℃，3 h），水解后离心 5 min（5000 r/min），提取液转移至 100 mL 三角瓶内，这部分液体被称为活性炭库Ⅱ（Labile carbon pool Ⅱ，LCP-Ⅱ）。

提取液通过总有机碳分析仪（multi N/C 2100）测定，可测得土壤活性炭库Ⅰ和Ⅱ的含量。

通过差减法，我们可以计算出样品中惰性有机碳含量：

惰性有机碳含量=TOC-（LCP-Ⅰ+LCP-Ⅱ）

式中：

TOC——土壤中总有机碳含量，mg/g；

LCP-Ⅰ——土壤活性炭库Ⅰ含量，mg/g；

LCP-Ⅱ——土壤活性炭库Ⅱ含量，mg/g。

3.3.5 土壤惰性有机碳测定——盐酸水解法

称取过 2 mm 筛的风干土样 2 g，放于消煮管中，然后加入 6 mol/L 盐酸 20 mL，用可调温度的消煮锅，在 115℃下消煮 16 h，消煮过程中不断摇晃消煮管，洗掉管壁上积聚物质，样品冷却后用蒸馏水洗至中性，然后在 55℃下烘干，研磨，过 165 μm 筛，用重铬酸钾容量法-外加热法测得的有机碳即为惰性碳。

3.3.6 土壤轻组有机碳、重组有机碳测定

密度分组是采用一定相对密度的溶液将土壤中相对密度较低的游离态有机物质和相对密度较高的有机无机复合体分离开来的

过程，其中悬浮液含轻组有机碳（LF），沉淀部分含重组有机碳（HF）。

（1）试剂制备

1.7 g/mL 碘化钠（NaI）溶液：称取 255 g NaI 溶于 150 mL 蒸馏水。

（2）测定步骤

①称取过 2 mm 筛风干土样 10 g，放入 50 mL 的离心管中，加入 1.7 g/mL NaI 溶液 25 mL，密封振荡 1 h，在离心机上离心 10 min（3000 r/min），将上清液通过 0.45 μm 滤膜真空抽滤，滤膜上的轻组有机碳用不少于 100 mL 的 0.01 mol/L CaCl$_2$ 溶液清洗，再用不少于 100 mL 的蒸馏水清洗，将滤膜上的轻组有机碳转移到已称重的铝盒中。

②向离心管中加入 20 mL NaI 溶液，重复上述过程 2 次，以保证样品中轻组有机碳分离干净，3 次得到的轻组有机碳合在一起，在 60℃下烘干，称得的质量与空铝盒质量之差，即是轻组有机碳的质量，然后用重铬酸钾氧化法测定其有机碳含量。

③离心管底部残渣用 0.01 mol/L CaCl$_2$ 溶液清洗干净，导入已称重的铝盒中完全烘干（60℃，2d），通过重铬酸钾滴定法可以测得重组有机碳含量。

3.3.7　土壤有机碳各粒径含量测定

粒径分组的基础是土壤有机碳与不同土粒结合，形成结构和功能不同的有机碳，根据粒径大小将其分为 5 种组分：砂粒（53~2000 μm）、粗粉粒（5~53 μm）、细粉粒（2~5 μm）、粗黏粒（0.2~2.0μm）和细黏粒（<0.2 μm）。

测定方法：称取 10 g 过 2 mm 筛的风干土样，置于 250 mL 的烧杯中，加 100 mL 蒸馏水，于超声波发生器上超声 30 min，过 53 μm 筛，在筛上得到的是 53~2000 μm 的砂粒组分，然后根据 Stockes 定律计算每个粒级颗粒分离的时间，通过不同的离心时间和离心速度分离得到 5~53 μm 的粗粉粒、2~5 μm 的细粉粒、0.2~2.0 μm 的粗黏粒和 <0.2 μm 的细黏粒。其中细粉粒和细黏粒悬液采用 0.2 mol/L CaCl$_2$ 絮凝，再离心收集，各组分转移至铝盒，在 60℃烘箱中烘干至恒重，测碳含量即可。

3.3.8　土壤颗粒有机碳测定

（1）试剂制备

六偏磷酸钠（5 g/L）：5 g 六偏磷酸钠溶于 600 mL 蒸馏水中，定容至 1 L。

（2）测定步骤

称取过 2 mm 筛风干土样 10 g，倒入 250 mL 三角瓶内，加入 100 mL 六偏磷酸钠溶液（5 g/L），手摇 1 min 后，振荡 18 h（常温）。将土壤悬浮液全部过孔径为 0.053 μm 的筛，反复用蒸馏水冲洗至过滤水为无色，收集筛上的土样（粒径 >53 μm），置于已称重的铝盒（M_1）中，60℃烘干 2 d 后称重（M_2）。将铝盒内土样研磨后过孔径为 0.15 mm 的筛，分析全碳含量（M）。

（3）结果计算

土壤颗粒有机碳（POC）含量计算公式如下：

$$POC = M \times \frac{M_2 - M_1}{M_0 \times K}$$

式中：

POC——颗粒有机碳含量，g/kg；

M——颗粒有机碳含量，g/kg；

M_0——风干土样质量，g；

M_1——铝盒质量，g；

M_2——烘干后土样和铝盒的总质量，g；

K——风干土和烘干土的换算系数。

3.4 土壤氮组分测定

3.4.1 土壤全氮测定

（1）试剂制备

①氢氧化钠溶液（400 g/L）：称取氢氧化钠（NaOH，分析纯）400 g 溶于蒸馏水，定容至 1 L。

②浓硫酸：密度为 1.84 g/mL，分析纯。

③硼酸溶液（20 g/L）：称取硼酸 20 g 溶于蒸馏水，定容至 1 L。

④甲基红-溴甲酚绿混合指示剂：称取 0.099 g 溴甲酚绿和 0.066 g 甲基红溶解于 100 mL 的乙醇中。

⑤硼砂标准溶液（0.0100 mol/L）：1.9068 g 硼砂 $(1/2\ Na_2B_4O_7 \cdot 10H_2O)$ 溶于蒸馏水，定容至 1 L。

⑥盐酸标准溶液（0.0100 mol/L）：量取 8.4 mL 浓盐酸溶于蒸馏水，定容至 1 L，即为 0.1000 mol/L 盐酸溶液，再稀释 10 倍，用 0.0100 mol/L 硼砂标准溶液标定。

吸取 20 mL 0.0100 mol/L 硼砂标准溶液于 100 mL 锥形瓶中，加 1 滴甲基红-溴甲酚绿混合指示剂，用待标定盐酸溶液滴定，溶液由蓝绿色变紫红色为滴定终点，重复做三次，同时做空白实验。待标定盐酸溶液的浓度为：

$$C_{HCl}=\frac{0.0100\times V_1}{V_2-V_0}$$

式中：

0.0100——硼砂标准溶液的浓度，mol/L；

V_1——硼砂标准溶液的体积，mL；

V_2——滴定硼砂用去待标定盐酸溶液的体积，mL；

V_0——滴定水用去待标定盐酸溶液的体积，mL。

（2）测定步骤

①精密称取干土 0.2000～0.2050 g，置于消煮管底部，加定氮片一颗，加 10 mL 浓硫酸过夜。

②消煮。

③上机蒸馏：用移液枪加 5 mL 硼酸溶液(20 g/L)和 2～3 滴甲基红-溴甲酚绿混合指示剂，蒸馏前需加水稀释消煮管中液体，加碱时间最好为 10 s，蒸馏 4 min 左右。

④滴定：用盐酸标准溶液（0.0100 mol/L）滴定，溶液由蓝绿色经透明变到紫红色为滴定终点，记录消耗盐酸标准溶液的毫升数。与此同时，进行试剂空白试验的蒸馏与滴定，以校正试剂的误差。

（3）结果计算

$$W_N = \frac{(V-V_0) \times C_{HCl} \times 0.014 \times 10^3}{m}$$

式中：

W_N——全氮含量，g/kg；

V——滴定样品用去盐酸标准溶液的体积，mL；

V_0——试剂中用去盐酸标准溶液的体积，mL；

C_{HCl}——盐酸标准溶液的浓度，mol/L；

0.014——氮原子的毫摩尔质量，g/mmol；

m——样品干质量，g。

3.4.2　土壤可溶性氮测定——碱解扩散法

（1）方法原理

在密封的扩散皿中，用 1.8 mol/L 氢氧化钠溶液溶解土壤样品，在恒温条件下有效氮碱解转化为氨气，并不断地扩散逸出，被硼酸（H_3BO_3）吸收，再用盐酸标准溶液滴定，计算出土壤可溶性氮的含量。

（2）仪器设备

扩散皿、微量滴定管、分析天平、恒温箱、玻璃棒、毛玻璃、橡皮筋、吸管、蜡光纸、角匙、瓷盘。

（3）试剂制备

①1.8 mol/L 氢氧化钠溶液：称取化学纯氢氧化钠 72 g，用蒸馏水溶解，定容到 1 L。

②1.2 mol/L 氢氧化钠溶液：称取化学纯氢氧化钠 48 g，用蒸馏水溶解，定容至 1 L。

③20 g/L 硼酸溶液：称取 20 g 硼酸，用热蒸馏水（约60℃）溶解，冷却后稀释至 1 L，用稀盐酸或稀氢氧化钠调节pH 值至4.5（定氮混合指示剂显葡萄酒红色）。

④0.01 mol/L 盐酸标准溶液：先配制 1.0 mol/L 盐酸溶液，然后稀释 100 倍，用标准碱标定。

⑤定氮混合指示剂：称取 0.1 g 甲基红和 0.5 g 溴甲酚绿指示剂放入玛瑙研钵中，加入 100 mL 95％乙醇研磨溶解，用稀盐酸或氢氧化钠调节 pH 值至4.5。

⑥特制胶水：阿拉伯胶（称取 10 g 粉状阿拉伯胶，溶于 15 mL蒸馏水中）10 份、甘油 10 份、饱和碳酸钾 5 份混合即成（最好放置在盛有浓硫酸的干燥器中，以除去氨）。

⑦硫酸亚铁粉剂：将分析纯硫酸亚铁磨细保存于阴凉干燥处。

（4）测定步骤

①称取通过 1 mm 筛风干样品 2.000 g（精确到 0.001g）和1 g 硫酸亚铁粉剂，均匀铺在扩散皿外室，水平地轻轻旋转扩散皿，使样品铺平。

②用吸管吸取 20 g/L 硼酸溶液 2 mL，加于扩散皿内室，并

滴加1滴定氮混合指示剂，然后在扩散皿的外室边缘涂上特制胶水，盖上毛玻璃，并旋转数次，以便毛玻璃与皿边完全黏合，再慢慢转开毛玻璃的一边，使扩散皿露出一条狭缝，迅速用吸管加入10 mL 1.8 mol/L氢氧化钠溶液于扩散皿的外室，再立即将毛玻璃盖严。

③水平轻轻旋转扩散皿，使碱溶液与土壤充分混合均匀，用橡皮筋固定，贴上标签，随后放入40℃恒温箱中，24 h后取出，再以0.01 mol/L盐酸标准溶液，用微量滴定扩散皿管滴定内室所吸收的氮量，滴至溶液由蓝色变为微红色，记下盐酸标准溶液用量。同时做空白实验，记下空白实验滴定所用盐酸量。

（5）结果计算

$$可溶性氮（mg/100 \ g）= \frac{N \times (V-V_0) \times 14}{(m \times 100)}$$

式中：

N——盐酸标准溶液的浓度，mol/L；

V——滴定样品时所用去的盐酸标准溶液的毫升数，mL；

V_0——空白实验所消耗的盐酸标准溶液的毫升数，mL；

14——氮原子的摩尔质量，g/mol；

m——土壤样品的干质量，g；

100——换算成每百克样品中氮的毫克数。

（6）注意事项

①滴定前首先要检查滴定管的下端是否有气泡，若有，首先要把气泡排出。

②滴定时，标准酸要逐滴加入，在接近终点时，用玻璃棒从滴定管尖端蘸取少量标准酸滴入扩散皿内。

③特制胶水一定不能沾到内室，否则测定结果将会偏高。

④扩散皿在抹有特制胶水后必须盖严，以防漏气。

3.4.3 土壤铵态氮测定

（1）试剂制备

①氯化钾溶液（2 mol/L）：称取 149.1 g 氯化钾（KCl，化学纯）溶于蒸馏水中，定容至 1 L。

②苯酚溶液：称取 10 g 苯酚（C_6H_5OH，化学纯）和 0.100 g 硝普钠 $[Na_2Fe(CN)_5NO \cdot 2H_2O$，化学纯]，用蒸馏水定容至 1 L，用棕色瓶贮存于 4℃的冰箱中。

③次氯酸钠碱性溶液：称取 10 g 氢氧化钠（NaOH，化学纯）、7.06 g 七水合磷酸氢二钠（$Na_2HPO_4 \cdot 7H_2O$，化学纯）、31.8 g 十二水合磷酸钠（$Na_3PO_4 \cdot 12H_2O$，化学纯）和 10 mL 次氯酸钠（NaOCl，化学纯）混匀，定容至 1 L，用棕色瓶贮存于 4℃的冰箱中。

④掩蔽剂：将 400 g/L 酒石酸钾钠（$KNaC_4H_4O_6 \cdot 4H_2O$，化学纯）溶液与 100 g/L EDTA 二钠（$C_{10}H_{14}O_8N_2Na_2 \cdot 2H_2O$，化学纯）溶液等体积混合，每 100 mL 混合液中加入 0.5 mL 氢氧化钠溶液（10 mol/L）。

⑤NH_4^+－N 标准液（5 μg/mL）：称取 0.4717 g 干燥的硫酸铵 $[(NH_4)_2SO_4$，分析纯]溶于蒸馏水，定容至 1 L，即配成氮浓度为 100 μg/mL 的标准液，使用前加水稀释 20 倍，即配成 5 μg/mL 的 NH_4^+－N 标准液。

（2）测定步骤

①称取 10.00 g 新鲜土样于 100 mL 三角瓶中，加入 50 mL 氯化钾溶液（2 mol/L），振荡 30 min，用中速定性滤纸过滤。

②比色：吸取 2~10 mL（一般为 5 mL）上述滤液到 50 mL 容量瓶中，用 2 mol/L 的氯化钾溶液补充至 10 mL，加蒸馏水稀释至 30 mL，然后依次加入 5 mL 苯酚溶液和 5 mL 次氯酸钠碱性溶液，摇匀，室温（20℃）放置 1 h 后加掩蔽剂 1 mL，然后

定容，2 h后在分光光度计上625 nm波长处比色，读取吸光度。

③绘制标准曲线：分别吸取0 mL、0.5 mL、1.0 mL、2.0 mL、3.0 mL、4.0 mL、5.0 mL 5 μg/mL的NH_4^+-N标准液于50 mL的容量瓶中，测定方法同步骤"②比色"，绘制标准曲线。

（3）结果计算

$$W(NH_4^+-N) = \frac{c \times V \times ts}{m} \times 1000$$

式中：

$W(NH_4^+-N)$——土壤中NH_4^+-N含量，mg/kg；

c——从标准曲线查得显色液中NH_4^+-N的浓度，μg/mL；

V——测定时吸取的待测液体积，mL；

ts——分取倍数，$ts=$待测液体积（mL）/测定时吸取待测液体积（mL）$=50/（2\sim10）$；

m——烘干土样质量，g。

3.4.4　土壤硝态氮测定

（1）试剂制备

①盐酸溶液（1 mol/L）：量取84 mL HCl（分析纯）溶液到容量瓶中，定容至1 L。

②氯化钾溶液（2 mol/L）：称取149.1 g氯化钾溶于蒸馏水，定容至1 L。

③硝态氮标准溶液（10 ppm）：称取0.772 g干燥的硝酸钾（KNO_3，分析纯）溶于蒸馏水，定容至1 L，此为100 ppm硝态氮溶液，将此溶液稀释10倍，即为10 ppm硝态氮标准溶液（取5 mL至容量瓶中，定容至50 mL）。

（2）测定步骤

①称取10.00 g新鲜土样于100 mL三角瓶中，加入50 mL氯化钾溶液，振荡30 min，用中速定性滤纸过滤。

②比色：吸取 2~10 mL（一般为 10 mL）到 50 mL 容量瓶中，加入 1 mL 盐酸溶液（1 mol/L），然后用蒸馏水定容，显色1 h 后在分光光度计上 220 nm、275 nm 波长处比色，读取吸光度（该液体无色）。

③绘制标准曲线：分别吸取 0 mL、1 mL、2 mL、5 mL、10 mL、15 mL、20 mL 10 ppm 的硝态氮标准液于 50 mL 的容量瓶中，测定方法同步骤"②比色"，绘制标准曲线。

（3）结果计算

$$W(NO_3^- - N) = \frac{c \times V \times ts}{m}$$

式中：

W（$NO_3^- - N$）——土壤中 $NO_3^- - N$ 含量，mg/kg；

c——从标准曲线查得显色液中 $NO_3^- - N$ 的浓度，μg/mL；

V——测定时吸取待测液的体积，mL；

ts——分取倍数，ts = 待测液体积（mL）/测定时吸取待测液体积（mL）=50/（2~10）；

m——烘干土样质量，g。

3.4.5 土壤亚硝态氮测定

（1）试剂制备

①氯化钾溶液（2 mol/L）：称取 149.1 g 氯化钾溶于适量蒸馏水，稀释至 1 L。

②浓氯化铵溶液：称取 100 g 氯化铵溶于适量蒸馏水，稀释至 500 mL。

③稀氯化铵溶液：吸取 50 mL 浓氯化铵溶液，用蒸馏水稀释至 2 L。

④重氮化试剂：称取 0.5 g 磺胺（$C_6H_8N_2O_2S$）溶于 100 mL 盐酸溶液（2.4 mol/L），储存于 4℃的冰箱中。

⑤耦合试剂：称取 0.3 g N-（1-萘基）-乙二胺二盐酸盐（C_{12} $H_{14}N_2 \cdot 2HCl$，化学纯）溶于 100 mL 盐酸溶液（0.12 mol/L），储存于棕色瓶，放于 4℃冰箱中。

⑥亚硝态氮标准液 $[\rho（NO_2^- -N）=1000\ mg/L]$：称取 1.500 g 亚硝酸钠（$NaNO_2$，分析纯）于烧杯中，加蒸馏水溶解后定容至 1 L，使用时吸取 10 mL 于 1 L 容量瓶中，定容 $[\rho（NO_2^- -N）=10\ mg/L]$，此液应现配现用。

（2）测定步骤

①称取 10 g 过 2 mm 筛的新鲜土样于 100 mL 瓶内，加入氯化钾溶液 50 mL，置于振荡器上振荡 30 min，用中速定性滤纸过滤。

②吸取 15 mL 滤液于 50 mL 容量瓶中，依次加入 1 mL 浓氯化铵溶液，25 mL 稀氯化铵溶液，2 mL 重氮化试剂和 2 mL 耦合试剂，摇匀定容。室温下静置 20 min 后在 540 nm 波长处比色，以空白试剂为对照，测定吸光度。

③绘制标准曲线：分别吸取亚硝态氮标准溶液 $[\rho（NO_2^- -N）=1000\ mg/L]$ 0 mL、0.5 mL、1 mL、2 mL、3 mL、3.5 mL、4 mL、5 mL、7 mL、10 mL，分别加入还原柱中，按样品测试顺序进行还原和比色。

（3）结果计算

$$W（NO_2^- -N）=\frac{c \times V \times ts}{m}$$

式中：

$W（NO_2^- -N）$——土壤中 $NO_2^- -N$ 的含量，mg/kg；

c——显色液 $NO_2^- -N$ 的质量浓度，mg/L；

V——比色时定容的体积，mL；

ts——分取倍数，ts = 待测液体积（mL）/测定时吸取待测液体积（mL）=50/15；

m——烘干土样质量，g。

3.4.6　土壤矿化氮测定

3.4.6.1　厌氧培养法

（1）方法原理

用浸水保温法（Water－Logged Incubation）处理土壤，利用厌氧微生物在一定温度下矿化土壤有机氮，使之成为 NH_4^+-N，再用 2 mol/L KCl 溶液浸提，浸出液中的 NH_4^+-N 用蒸馏法测定，从中减去土壤初始矿质氮（即原本存在于土壤中的 NH_4^+-N 和 NO_3^--N），得土壤矿化氮含量。

（2）仪器设备

恒温生物培养箱、振荡器、半微量定氮蒸馏器、半微量滴定管（5 mL）。

（3）试剂制备

①1/2 H_2SO_4 标准溶液（0.02 mol/L）：量取 H_2SO_4（化学纯）2.83 mL，加蒸馏水稀释至 5000 mL，然后用标准碱或硼酸标定，此为 0.02 mol/L 1/2 H_2SO_4 标准溶液。

②KCl 溶液（2.5 mol/L）：称取 KCl（化学纯）186.4 g 溶于蒸馏水，定容至 1 L。

③$FeSO_4$－Zn 粉还原剂：将 $FeSO_4 \cdot 7H_2O$（化学纯）50.0 g 和 Zn 粉 10.0 g 共同磨细（或分别磨细，分别保存，可数年不变，用时按比例混合），通过 60 目筛，盛于棕色瓶中备用（混合粉末易氧化，只能保存一周）。

④硼酸－指示剂（20 g/L）溶液：取 20 g H_3BO_3（化学纯）溶于 1 L 蒸馏水中，每升 H_3BO_3 溶液中加入甲基红－溴甲酚绿混合指示剂 5 mL，并用稀酸或稀碱调节至溶液呈微紫红色，此时该溶液的 pH 值约为 4.8。此试剂宜现配，不宜久放。

⑤MgO悬浊液（120 g/L）：取 MgO 12 g，500℃～600℃灼烧2 h，冷却，放入 100 mL 蒸馏水中摇匀。

⑥NaOH 溶液（400 g/L）：称取氢氧化钠（NaOH，分析纯）400 g，溶于蒸馏水，定容至 1 L。

（4）测定步骤

①土壤矿化氮与初始氮之和的测定：称取过 20 目筛的风干土样 20 g，置于 150 mL 三角瓶中，加蒸馏水 20 mL，摇匀。要求土样被蒸馏水全部覆盖，加盖橡皮塞，置于（40±2）℃恒温生物培养箱中培养一星期（七昼夜）后取出，加 80 mL 2.5 mol/L KCl 溶液，再用橡皮塞塞紧，在振荡器上振荡 30 min，取下立即过滤于 150 mL 三角瓶中，吸取滤液 10～20 mL 注入半微量定氮蒸馏器中，用少量蒸馏水冲洗，先将盛有 10 mL 20 g/L 硼酸－指示剂溶液的三角瓶放在冷凝管下，然后再加 10 mL 120 g/L MgO 悬浊液于蒸馏器中，用少量蒸馏水冲洗，随后封闭。再通蒸汽，待馏出液约 40 mL 时（约 10 min），停止蒸馏，取下三角瓶，用 0.02 mol/L（1/2 H_2SO_4）标准溶液滴定，同时做空白试验。

②土壤初始氮的测定：称取过 20 目筛的风干土样 20 g，置于250 mL 三角瓶中，加 2.5 mol/L KCl 溶液 100 mL，加塞振荡30 min，过滤于 150 mL 三角瓶中。取滤液 30～40 mL 于半微量定氮蒸馏器中，并加入 1.2 g $FeSO_4$－Zn 粉还原剂，再加 5 mL400 g/L NaOH 溶液，立即封闭进样口。预先将盛有 10 mL 20 g/L硼酸－指示剂溶液的三角瓶置于冷凝管下，再通蒸汽蒸馏，当馏出液达到 40 mL 时（约 10 min）停止蒸馏，取下三角瓶，用0.02 mol/L（1/2 H_2SO_4）标准溶液滴定，同时做空白试验。

（5）结果计算

$$土壤矿化氮与初始氮之和（mg/kg） = \frac{c(V-V_0)\times 14\times ts\times 10^3}{m}$$

$$土壤初始氮（mg/kg） = \frac{c(V - V_0) \times 14 \times ts \times 10^3}{m}$$

式中：

c——1/2 H_2SO_4 标准溶液的浓度，0.02 mol/L；

V——样品滴定时用去 1/2 H_2SO_4 标准溶液的体积，mL；

ts——分取倍数；

V_0——空白试验滴定时用去 1/2 H_2SO_4 标准溶液的体积，mL；

m——过 20 目筛风干土样质量，20.0 g。

14——氮原子的摩尔质量，g/mol；

10^3——换算系数。

3.4.6.2　好氧培养法

（1）方法原理

将土壤样品与 3 倍质量的石英砂相混合，用水湿润，在通气良好又不损失水分的条件下，恒温 30℃ 培养 2 周。然后用 2 mol/L KCl溶液提取铵态氮、硝态氮和亚硝态氮。取部分提取液，再用氧化镁和戴氏（Devarda's）合金同时进行还原和蒸馏，测定馏出液的铵态氮量，以此计算培养后样品中氮含量。用同样方法测定培养前土壤－石英砂混合物中的氮含量，根据两次测定结果之差，计算土壤样品中矿化氮含量。

（2）仪器设备

科龙 A 型半微量定氮蒸馏器，微量滴定管，RC－16 型 Res 罩，恒温生物培养箱。

（3）试剂制备

①2 mol/L KCl 溶液：取 KCl（化学纯，无氮）1500 g 于蒸馏水中，稀释至 10 L，充分搅匀。

②氧化镁：取氧化镁（化学纯）放到马福炉中，600℃～700℃灼烧 2 h，取出，置于内盛粒状 KOH 的干燥器中冷却后，贮于密闭瓶中。

③戴氏合金（含 Cu 50%，含 Al 45%，含 Zn 5%）：将优质的合金球磨至通过 100 目筛，且其中至少有 76% 能通过 300 目筛，将磨细的合金置于密封瓶中贮存。

④20 g/L 硼酸－指示剂溶液：同 3.4.6.1 厌氧培养法的配制方法。

⑤0.005 mol/L（1/2 H_2SO_4）标准溶液：量取 H_2SO_4（化学纯）2.830 mL，加蒸馏水稀释至 5000 mL，然后用标准碱或硼酸标定，此为 0.020 mol/L（1/2 H_2SO_4）标准溶液，再将此溶液准确稀释 4 倍，即得 0.005 mol/L（1/2 H_2SO_4）标准溶液。

（4）测定步骤

称取 10.00 g（过 10 目筛）风干土样，置于 100 mL 烧杯中，再加 30.00 g 经酸洗的、过 30~60 目筛的石英砂，充分混匀。然后将混合物移到内盛 6 mL 蒸馏水的 250 mL 广口瓶中，在转移时，应将混合物均匀铺在瓶底。当混合物全部移入广口瓶后，轻轻振动瓶子，使混合物的表面平整。在瓶颈塞上具有中心孔并接有 Res 罩的橡皮塞，将瓶子放在 30℃ 恒温生物培养箱内培养 2 周。培养结束后，除去带 Res 罩的橡皮塞，加入 2 mol/L 的 KCl 溶液 100 mL，用另一只实心橡皮塞塞紧，放在振荡器上振荡 1 h。

静置悬浊液直到土壤－石英砂混合物沉下，上层溶液清澈（一般需 30 min）。此时可将盛有 5 mL 20 g/L 硼酸－指示剂溶液的三角瓶置于半微量定氮蒸馏器的冷凝管下，冷凝管的末端不必插入 20 g/L 硼酸－指示剂溶液中，用 20 mL 移液管吸取上层清液，置于科龙 A 型半微量定氮蒸馏器的进样杯中，使其很快流入蒸馏瓶中，用洗瓶以少量蒸馏水冲洗进样杯，然后加入戴氏合金 0.2 g 和氧化镁 0.2 g 于蒸馏瓶中，再用少量蒸馏水冲洗进样杯，最后加蒸馏水封闭进样杯。立即通蒸汽蒸馏。当馏出液达到 30 mL 时，可停止蒸馏，冲洗冷凝管的末端，移出盛蒸馏液的三角瓶，用微量滴定管以 0.005 mol/L（1/2 H_2SO_4）标准溶液滴定，同时做空白试验。

用同法测定另一份未经培养的土壤－石英砂混合物的含氮量，求两者之差，即为该土壤矿化氮的含量。

（5）结果计算

同 3.4.6.1 厌氧培养法的计算。

3.5 土壤磷组分测定

3.5.1 土壤全磷测定

（1）试剂制备

①氢氧化钠溶液（2 mol/L）：取氢氧化钠（NaOH，分析纯）80 g 溶于 1 L 蒸馏水。

②钼锑贮存液：取钼酸铵 [（NH_4）$_6Mo_7O_{24}$ · $4H_2O$] 10 g 溶于 300 mL 约 60℃ 的蒸馏水中，搅拌，冷却。取 153 mL 浓硫酸（H_2SO_4，分析纯），缓缓加入 400 mL 蒸馏水，冷却，缓缓倒入钼酸铵溶液中，再加酒石酸锑钾（$KSbC_4H_2O_6$ · $1/2 H_2O$）0.5 g，混匀，定容至 1 L，避光储存。

③钼锑抗显色剂溶液：取 1.50 g 抗坏血酸（$C_6H_8O_6$）溶于 100 mL 钼锑贮存液，现用现配。

④磷标准液（5 μg/mL）：取于 50℃ 烘干的 KH_2PO_4 0.4394 g 溶于 100 mL 蒸馏水，加 5 mL 浓硫酸防腐，用蒸馏水定容到 1 L，即磷浓度为 100 μg/mL（可长期保存），取 5 mL 于 100 mL 容量瓶中定容即为 5 μg/mL 磷标准液。

⑤2，4－二硝基酚指示剂（2 g/L）：取 0.20 g 2，4－二硝基酚溶于 100 mL 蒸馏水。

⑥硫酸溶液（0.5 mol/L）：吸取 27 mL 浓硫酸于 400 mL 蒸馏水中，待其冷却后，再定容至 1 L。

（2）测定步骤

①准确称取干土 0.2000～0.2050 g，置于消煮管底部，加 10 mL 浓硫酸、10 滴高氯酸（约 0.7 mL）。

②消煮。

③显色：用移液枪取待测液 5 mL，置于 50 mL 容量瓶，加蒸馏水 20 mL 左右（容量瓶 1/3 至 1/2 处），加 2,4－二硝基酚指示剂 2 滴，再用氢氧化钠溶液（2 mol/L）调节 pH，使溶液颜色至微黄（颜色太黄时用 0.5 mol/L 硫酸调回），加钼锑抗显色剂 5 mL，摇匀定容，显色 30 min。

④比色：以空白溶液调吸收值为零，在 700 nm 波长处测定吸收值，由回归方程求得磷浓度（μg/mL）。

⑤绘制标准曲线：取 5 μg/mL 磷标准液 0 mL、1 mL、2 mL、3 mL、4 mL、5 mL、6 mL 于 50 mL 容量瓶，定容，得 0 μg/mL、0.1 μg/mL、0.2 μg/mL、0.3 μg/mL、0.4 μg/mL、0.5 μg/mL、0.6 μg/mL 磷标准系列溶液，加蒸馏水 20 mL 左右，加 2,4－二硝基酚指示剂 2 滴，用氢氧化钠溶液（2 mol/L）调节 pH，使溶液颜色至微黄，加钼锑抗显色剂 5 mL，定容，显色 30 min。以 0 μg/mL 磷标准显色液调零，在 700 nm 波长处测定吸收值，以磷标准液浓度（μg/mL）为横坐标，吸收值为纵坐标，绘制标准曲线，建立回归方程。

（3）结果计算

$$W_P = \frac{c \times V \times ts}{m \times 10^3}$$

式中：

W_P——全磷含量，g/kg；

c——从工作曲线上查得显色液的磷浓度，μg/mL；

V——显色液体积，50 mL；

ts——分取倍数，100 mL/5 mL＝20；

m——样品干质量，g。

3.5.2 土壤速效磷测定——碳酸氢钠法

（1）方法原理

石灰性土壤由于大量游离碳酸钙存在，不能用酸溶液来提取速效磷，可用碳酸盐的碱溶液提取。由于碳酸根离子的同离子效应，碳酸盐的碱溶液会降低碳酸钙的溶解度，也就降低了溶液中钙的浓度，这样就有利于磷酸钙盐的提取。同时碳酸盐的碱溶液也降低了铝离子和铁离子的活性，有利于磷酸铝和磷酸铁的提取。此外，碳酸氢钠碱溶液中存在着 OH^-、HCO_3^-、CO_3^{2-} 等阴离子，有利于吸附态磷的交换。因此，碳酸氢钠不仅适用于石灰性土壤，也适用于中性和酸性土壤中速效磷的提取。

待测液用钼锑抗显色剂在常温下进行还原，使黄色的锑磷钼杂多酸还原为磷钼蓝进行比色。

（2）仪器设备

往复振荡器、电子天平（1/100）、分光光度计、三角瓶、烧杯、移液管、容量瓶、洗耳球、漏斗（60 mL）、小滴管。

（3）试剂制备

①0.5 mol/L 碳酸氢钠溶液：称取化学纯碳酸氢钠 42.0 g 溶于 800 mL 蒸馏水，以 0.5 mol/L 氢氧化钠溶液调节 pH 值至 8.5，洗入 1000 mL 容量瓶中，定容至刻度，储存于试剂瓶中。此溶液在塑料瓶中可贮存较长时间，若储存超过 1 个月，应检查 pH 值是否改变。

②无磷活性炭：活性炭常常含有磷，应做空白试验，检查有无磷的存在。如含磷较多，须先用 2 mol/L 盐酸浸泡过夜，用蒸馏水冲洗多次后，再用 0.5 mol/L 碳酸氢钠溶液浸泡过夜，在平

瓷漏斗上抽气过滤，每次用少量蒸馏水淋洗多次，直到无磷为止。如含磷较少，则直接用碳酸氢钠溶液处理即可。

③钼锑贮存液、钼锑抗显色剂、磷标准液（5 μg/mL）的配制参见 3.5.1 土壤全磷测定试剂配制方法。

（4）测定步骤

①称取通过 1 mm 筛的风干土样 5.00 g（精确到 0.01 g），放于 200 mL 三角瓶中，准确加入 0.5 mol/L 碳酸氢钠溶液 100 mL，再加一小勺无磷活性炭，塞紧瓶塞，在振荡器上振荡 30 min（振荡速率为每分钟 150～180 次），随后用无磷滤纸过滤，滤液承接于 100 mL 三角瓶中，弃去最初 7～8 mL 滤液。

②吸取 10 mL 滤液（含磷量高时吸取 2.5～5.0 mL；同时应补加 0.5 mol/L 碳酸氢钠溶液至 10 mL）于 50 mL 容量瓶中，加钼锑抗显色剂 5 mL 充分摇匀，排出二氧化碳后加蒸馏水定容至刻度，再充分摇匀。

③30 min 后，在分光光度计上比色（波长 660 nm），比色时需同时做空白测定。

④绘制标准曲线：分别吸取 5 μg/mL 磷标准液 0 mL、1 mL、2 mL、3 mL、4 mL、5 mL 于 50 mL 容量瓶中，定容，每一容量瓶内溶液浓度即分别为 0 mg/L、0.1 mg/L、0.2 mg/L、0.3 mg/L、0.4 mg/L、0.5 mg/L，再逐个加入 0.5 mol/L 碳酸氢钠溶液 10 mL 和钼锑抗显色剂 5 mL，然后同待测液一样进行比色，绘制标准曲线。

（5）结果计算

$$W_P = \frac{c \times V}{m \times ts}$$

式中：

W_P——速效磷含量；

c——从工作曲线上查得的比色液磷的浓度数，μg/mL；

V——显色液体积，50 mL；

m——称取土样重量，g；

ts——分取倍数，100 mL/10 mL＝10。

土壤速效磷（P）等级如下：

<5，低；5～10，中；>10，高。

（6）注意事项

①活性炭一定要洗至无磷。

②钼锑抗显色剂的加入量要十分准确，特别是钼酸量的多少，直接影响显色的深浅和稳定性。标准溶液和待测液的比色酸度应保持基本一致，显色剂的加入量应随比色时定容体积的变化而变化。

③温度的高低影响着测定结果。提取时要求温度在 25℃左右。室温太低时，可将容量瓶放入 40℃～50℃的烘箱或热水中保温 20 min，稍冷后再用于比色。

3.5.3 土壤有机磷测定

（1）试剂制备

①硫酸溶液（0.2 mol/L）：取浓硫酸（H_2SO_4，分析纯）10.87 mL 缓缓加入约 600 mL 蒸馏水中，并不断搅拌，待冷却后，加蒸馏水稀释 1 L。

②氢氧化钠溶液（2 mol/L）、钼锑贮存液、钼锑抗显色剂、磷标准液（5 μg/mL）、2，4－二硝基酚指示剂和硫酸溶液（0.5 mol/L）的配制参见 3.5.1 土壤全磷测定试剂配制方法。

（2）测定步骤

①准确称取干土 0.5～1.0 g，置于 15 mL 瓷坩埚中，在550℃高温电炉内灼烧 1 h，取出冷却，用 100 mL 0.2 mol/L 硫酸溶液将土样洗入 200 mL 容量瓶中。另外称取 0.5～1.0 g 同一样品于另一个 200 mL 容量瓶中，加入 0.2 mol/L 硫酸溶液

100 mL。

②两瓶溶液摇匀后，将瓶塞轻放在瓶口上，一起放入 40℃烘箱内保温 1 h，取出，冷却至室温，加蒸馏水定容，过滤。

③显色：用移液枪取待测液 10 mL，置于 50 mL 容量瓶，加蒸馏水 20 mL 左右，加 2，4－二硝基酚指示剂 2 滴，再用氢氧化钠溶液（2 mol/L）调节 pH，至溶液呈微黄色（颜色太黄时用 0.5 mol/L 硫酸溶液调回），加钼锑抗显色剂 5 mL，摇匀定容，显色 30 min。

④比色：以空白溶液调吸收值为零，在 700 nm 波长处测定吸收值，由回归方程求得磷浓度（μg/mL）。

⑤绘制标准曲线：取 5 μg/mL 磷标准液 0 mL、1 mL、2 mL、3 mL、4 mL、5 mL、6 mL 于 50 mL 容量瓶，定容，得 0 μg/mL、0.1 μg/mL、0.2 μg/mL、0.3 μg/mL、0.4 μg/mL、0.5 μg/mL、0.6 μg/mL 磷标准系列溶液，加蒸馏水 20 mL 左右，加 2，4－二硝基酚指示剂 2 滴，用氢氧化钠溶液（2 mol/L）调节 pH，至溶液呈微黄色，加钼锑抗显色剂 5 mL，定容，显色 30 min。以 0 μg/mL 磷标准液调零，在 700 nm 波长处测定吸收值，以磷标准液浓度(μg/mL)为横坐标，吸收值为纵坐标，绘制标准曲线，建立回归方程。

（3）结果计算

$$W_P = \frac{c \times V \times ts}{m \times 10^3}$$

式中：

W_P——磷含量，g/kg；

c——从工作曲线上查得显色液的磷浓度，μg/mL；

V——显色液体积，50 mL；

ts——分取倍数，200 mL/10 mL＝20；

m——样品干质量，g。

分别计算出灼烧与未灼烧土壤的含磷量，经灼烧的土壤含磷量减去未灼烧的土壤含磷量，即为有机磷含量。

3.5.4 土壤无机磷测定

（1）试剂制备

氢氧化钠溶液（2 mol/L）、钼锑贮存液、钼锑抗显色剂、磷标准液（5 μg/mL）、2，4-二硝基酚指示剂和硫酸溶液（0.5 mol/L）的配制参见 3.5.1 土壤全磷测定试剂配制方法。硫酸溶液（0.2 mol/L）的配制参见 3.5.3 土壤有机磷测定试剂配制方法。

（2）测定步骤

①称取 0.5~1 g 样品于 200 mL 容量瓶中，加入 0.2 mol/L 硫酸溶液 100 mL。

②溶液摇匀后，分别将瓶塞轻放在瓶口上，一起放入 40℃ 烘箱内保温 1 h，取出，冷却至室温，加蒸馏水定容，过滤。

③显色：用移液枪取待测液 10 mL 于 50 mL 容量瓶，加蒸馏水 20 mL 左右，加 2，4-二硝基酚指示剂 2 滴，再用氢氧化钠溶液（2 mol/L）调节 pH，至溶液呈微黄色（颜色太黄时用 0.5 mol/L 硫酸溶液调回），加钼锑抗显色剂 5 mL，摇匀定容，显色 30 min。

④比色：以空白溶液调吸收值为零，在 700 nm 波长处测定吸收值，由回归方程求得磷浓度（μg/mL）。

⑤绘制标准曲线：取 5 μg/mL 磷标准液 0 mL、1 mL、2 mL、3 mL、4 mL、5 mL、6 mL 于 50 mL 容量瓶，定容，得 0 μg/mL、0.1 μg/mL、0.2 μg/mL、0.3 μg/mL、0.4 μg/mL、0.5 μg/mL、0.6 μg/mL 磷标准系列溶液。加蒸馏水 20 mL 左右，加 2，4-二硝基酚指示剂 2 滴，用氢氧化钠溶液（2 mol/L）调节 pH，至溶液呈微黄色，加钼锑抗显色剂 5 mL，定容，显色 30 min。以

0 μg/mL磷标准液调零，在 700 nm 处测定吸收值。以磷标准液浓度（μg/mL）为横坐标，吸收值为纵坐标，绘制标准曲线，建立回归方程。

（3）结果计算

$$W_P = \frac{c \times V \times ts}{m \times 10^3}$$

式中：

W_P——磷含量，g/kg；

C——从工作曲线上查得显色液的磷浓度，μg/mL；

V——显色液体积，50 mL；

ts——分取倍数，200 mL/10 mL＝20；

m——样品干质量，g。

3.6 土壤钾组分测定

3.6.1 土壤全钾测定

（1）试剂制备

钾标准液：准确称取 0.9535 g 在 105℃烘干 4～6 h 的分析纯 KCl 溶于蒸馏水中，定容至 1 L，即为 500 μg/mL 钾标准液，吸取 100 mL 稀释至 500 mL，即为 100 μg/mL，分别吸取 100 μg/mL标准液 0 mL、1 mL、5 mL、10 mL、15 mL、20 mL、30 mL 于 100 mL 容量瓶中，用蒸馏水稀释至刻度，摇匀，即为 0 μg/mL、1 μg/mL、5 μg/mL、10 μg/mL、15 μg/mL、20 μg/mL、30 μg/mL 的系列标准液。

4.5 mol/L硫酸溶液：取分析纯浓硫酸 1 L，缓慢注入 3 L 蒸馏水中混合。

（2）待测液制备

①称取过 0.25 mm 筛的风干土样 0.1500 g 于镍坩埚底部，加几滴无水乙醇固定土样，加 2 g 固体 NaOH 于坩埚内，用玻棒拨平（注意勿使玻棒接触土壤），盖上坩埚盖（如不及时加热熔融，应存放于干燥器中，以防吸水潮解），同时做一空白对照。

②将坩埚盖移开，置于 1000~2000 W 电炉上，使 NaOH 熔融排出水分，冷却后立即移入马福炉中，打开电源，逐步升温至 700℃~720℃，保持 15 min，切断电源，待炉内温度降到 100℃以下，打开炉门，取出冷却。

③用滴管加少量热水，用酒精灯加热溶解，用热水洗涤并用漏斗转入 100 mL 容量瓶中，用热水少量多次洗涤坩埚，直到确认洗净为止，注意洗涤液总量不超过 80 mL。

④向容量瓶中加 4.5 mol/L H_2SO_4 10 mL，摇匀，冷却至室温，用蒸馏水定容摇匀，静置澄清，即为待测液。

（3）测定步骤

准确吸取待测液 5 mL 于 25 mL 容量瓶中，用蒸馏水定容，于火焰光度计上测定。

（4）结果计算

全钾 （K）（g/kg）=（测得值－空白值）×（显色体积÷显色吸取量）×（待测液总体积÷烘干土样质量）×10^{-3}

3.6.2 土壤速效钾测定——醋酸铵－火焰光度计法

（1）方法原理

以 1.0 mol/L 中性 NH_4OAc 溶液为浸提剂，NH_4^+ 与土壤胶体表面的 K^+ 进行交换，连同水溶性的 K^+ 一起进入溶液，溶液中的钾可用火焰光度计法直接测定。

（2）仪器设备

天平、振荡器、火焰光度计、三角瓶、漏斗、滤纸、坐标纸、角匙、洗耳球、移液管。

（3）试剂制备

①1.0 mol/L 中性 NH_4OAc 溶液：称取 77.08 g NH_4OAc 溶于近 1 L 蒸馏水中，用稀 HOAc 或 NH_4OH 调节 pH 值至 7.0，用蒸馏水定容至 1 L。

②钾标准液：称取 0.1907 g KCl 溶于 1.0 mol/L NH_4OAc 溶液，完全溶解后用 1.0 mol/L 中性 NH_4OAc 溶液定容至 1 L，即为含 100 mg/L 钾的 NH_4OAc 溶液。用时分别吸取此 100 mg/L 钾标准液 0 mL、2 mL、5 mL、10 mL、20 mL、40 mL 于 100 mL 容量瓶中，用 1.0 mol/L 中性 NH_4OAc 溶液定容，即得 0 mg/L、2 mg/L、5 mg/L、10 mg/L、20 mg/L、40 mg/L 钾标准系列溶液。

（4）测定步骤

称取风干土样（过 1 mm 筛）5 g 于 150 mL 三角瓶中，加 1.0 mol/L 中性 NH_4OAc 溶液 50.0 mL（土液比为 1∶10），用橡皮塞塞紧，在 20℃～25℃下振荡 30 min 后用滤纸过滤，滤液与钾标准系列溶液一起在火焰光度计上进行测定，并将测定结果在方格纸上绘制成曲线，根据待测液的读数值查出相应的数值，并计算土壤中速效钾的含量。

（5）结果计算

$$土壤速效钾（K）=\frac{待测液×加入浸提剂毫升数}{风干土质量}$$

3.7 土壤金属元素测定

3.7.1 金属元素总量的消解——微波消解法

（1）方法原理

微波消解是结合高压消解和微波快速加热的一项预处理技术。水样和酸的混合物吸收微波后，酸的氧化反应活性增加，能将样品中的金属元素释放到溶液中。

（2）试剂

①硝酸（HNO_3）：优级纯。

②盐酸（HCl）：优级纯。

③氢氟酸（HF）。

④（1+1）硝酸：用优级纯硝酸配制。

（3）测定步骤

①将所有实验器皿放置在（1+1）硝酸中浸泡过夜，使用前依次用自来水、去离子水洗净，自然风干。

②准确称取 0.2 g 粉碎过后的试样（过 100 目筛）于微波消解罐中，加入 5 mL 硝酸、1 mL 氢氟酸、1 mL 盐酸，置于通风橱中静置过夜，上机消解前加盖旋紧，随后放入微波消解仪中，按照仪器推荐的升温程序进行消解。

由于土壤种类较多，所含有机质差异较大，在消解时，应注意观察，各种酸的用量视消解情况酌情增减。

③"COOL DOWN"程序运行完毕后，取出消解罐，置于通风橱内冷却，待罐内温度与室温平衡后（大约 30 min），放气开盖，将罐内消解液移入 50 mL 容量瓶中，用去离子水少量多次冲洗消解罐内壁，并转移至容量瓶中，定容。

④将定容后的待测液过滤至事先清洗干净的聚乙烯瓶中备用。

⑤空白实验：用去离子水代替试样，按上述步骤与试样同步进行消解。

（4）注意事项

①每次消解完成后微波消解罐应用大量自来水冲洗，再用去离子水润洗，待自然风干，加入 9 mL 硝酸，进行清洗程序。清洗程序结束，再按上述步骤冲洗、润洗、风干后才能进行下一次消解。

②消解罐各部件必须处于干燥且无污染的状态，以防罐体局部吸收微波后温度过高，损坏罐体。

③严格确认压力弹片已经安装且安装正确，严格确认消解罐完全嵌入转盘。

④微波消解罐不能用刷子清洗，不能用超声波清洗。

3.7.2 金属元素总量的消解——全分解方法

（1）方法原理

采用盐酸－硝酸－氢氟酸－高氯酸全分解的方法，破坏土壤的矿物晶格，使试样中的待测元素全部进入试液。

（2）试剂

①硝酸（HNO_3）：优级纯。

②盐酸（HCl）：优级纯。

③氢氟酸（HF）。

④高氯酸（$HClO_4$）：优级纯。

⑤（1+1）硝酸：用优级纯硝酸配制。

（3）测定步骤

①将所有实验器皿放置在（1+1）硝酸中浸泡过夜，使用前再依次用自来水、去离子水洗净，自然风干。

②准确称取 0.2 g 粉碎过后的试样（过 100 目筛），放置于

消解罐，加入 5 mL 混合酸［硝酸与高氯酸以 5∶1（体积比）混合］，拧紧罐子，于通风橱中静置过夜。将装有样品的消解罐放入烘箱，温度分别设置为 80℃（20 min）、120℃（1 h）、160℃（1 h）、180℃（2 h）。

③待消解完成，将罐内消解液移入 50 mL 容量瓶中，用去离子水少量多次冲洗消解罐内壁，并转移至容量瓶，定容。

④将定容后的待测液过滤至事先清洗干净的聚乙烯瓶中备用。

⑤空白实验：用去离子水代替试样，按上述步骤与试样同步进行消解。

3.7.3　金属元素总量的测定

（1）仪器设备

火焰原子吸收分光光度计，相应元素（K、Na、Ca、Mg、Mn、Zn、Cr、Ni、Pb、Cd）的空心阴极灯。

（2）试剂

相应元素的标准液（1000 $\mu g/mL$）：K、Na、Ca、Mg、Mn、Zn、Cr、Ni、Pb、Cd 的标准液。

（3）标准曲线的绘制

①取 1 mL 相应元素标准液至 1 L 容量瓶，用去离子水定容，得到 1 mg/L 该元素标准溶液使用液。

②于 10 个 100 mL 容量瓶中分别移取 0 mL、0.5 mL、1.0 mL、2.0 mL、3.0 mL、5.0 mL、10.0 mL、20.0 mL、30.0 mL、50.0 mL 相应元素标准溶液使用液，加去离子水定容，其浓度分别为 0 mg/L、0.005 mg/L、0.010 mg/L、0.020 mg/L、0.030 mg/L、0.050 mg/L、0.100 mg/L、0.200 mg/L、0.300 mg/L、0.500 mg/L。

③在火焰原子吸收分光光度计上进行测量，建立目标元素的标准曲线。

（4）样品测定

样品测定与标准液测定的方法一致，在标准曲线上查得目标元素含量，空白样品的测定与试样相同。

（5）结果计算

$$\rho = \frac{(\rho_1 - \rho_2) \times V}{m \times (1 - f)}$$

式中：

ρ——样品中目标元素含量，mg/kg；

ρ_1——试样中目标元素的质量浓度，mg/L；

ρ_2——空白试样中目标元素的质量浓度，mg/L；

V——测试液定容的体积，mL；

m——称取试样的质量，g；

f——试样中水分的含量，%。

（6）注意事项

①使用仪器前先检查助燃气体是否充足，乙炔瓶内气压低于0.5 MPa 时就要进行更换，否则会造成气路堵塞，不能点火。关闭仪器时应拧紧乙炔瓶主阀，拧松出气阀，使压力表上的数值归零。

②每次使用后要注意观察空气增压机润滑油的液面高度是否在两红线之间，太低时要更换空气增压机润滑油。

③处理样品后要进行过滤，否则很容易使雾化器进样毛细管堵塞。毛细管堵塞后仪器灵敏度会大幅下降，此时要用专用的钢丝疏通。若无大的改善，需在关掉乙炔的情况下，将雾化器卸出清理。

④要注意检查点火口电极上是否有积碳，如有积碳要刮除，积碳太多可能造成短路。注意检查雾化器火焰燃烧是否均匀，如火焰燃烧不均匀，关闭火焰后用硬纸卡片清洁燃烧口。

⑤元素灯要在关机状态下更换，并确认插入灯座。

⑥提示废液罐液面较低时，向废液罐内加入少许蒸馏水即可。

⑦关闭空气增压机气泵时需将红色按钮按下，并关闭绿色阀门。

3.8 土壤微生物测定

3.8.1 土壤微生物生物量测定

3.8.1.1 微生物生物量碳

（1）试剂制备

①去乙醇氯仿：普通氯仿试剂一般含有少量乙醇作为稳定剂，使用前需除去。将氯仿试剂按 1∶2（体积分数）的比例与去离子水或蒸馏水一起加入分液漏斗中，充分摇动 1 min，静置后慢慢放出底层氯仿于烧杯中，如此洗涤三次。在得到的去乙醇氯仿中加入无水氯化钙，以除去氯仿中的水分。纯化后的去乙醇氯仿置于暗色试剂瓶中，在低温（4℃）、避光条件下保存。氯仿具有致癌作用，必须在通风橱中进行操作。

②硫酸钾提取液（0.5 mol/L）：称取 174.26 g 分析纯 K_2SO_4 溶于蒸馏水中并定容至 2 L（难溶，需先用磁力搅拌器在水浴锅中加热溶解，待冷却后再定容）。

③重铬酸钾溶液（0.018 mol/L）：称取 5.3000 g 分析纯重铬酸钾于 300 mL 蒸馏水中，缓缓加入 652 mL 分析纯浓硫酸，边加边搅拌，冷却至室温后定容至 1 L。

④邻菲罗啉指示剂：称取 1.49 g 邻菲罗啉溶于 100 mL 0.7% 分析纯硫酸亚铁溶液，此溶液易变质，应密封保存于棕色试剂瓶中。

⑤硫酸亚铁溶液（0.05 mol/L）：称取 13.9 g 分析纯硫酸亚

铁溶于 800 mL 蒸馏水中，加入 5 mL 分析纯浓硫酸，用蒸馏水定容至 1 L，保存于棕色试剂瓶中。此溶液易被空气氧化，每次使用时应该标定其实际浓度。

⑥重铬酸钾溶液（0.05 mol/L）：称取经 130℃烘干 2 h 的分析纯重铬酸钾 2.4515 g 溶于蒸馏水中，定容至 1 L。

（2）测定步骤

①称取过 2 mm 筛的鲜土 5.000 g 于瓶中，然后放进真空干燥箱中，并放置盛有去乙醇氯仿的烧杯（200 mL 左右），烧杯内加入适量的石英砂，同时还放入一小杯稀 NaOH 溶液（100 mL，吸收熏蒸期间释放的 CO_2），以及一小杯水（100 mL，保持湿度）。熏蒸时间为 24 h。另外称取同等质量鲜土，置于另一真空干燥箱以做未熏蒸对照实验。

②熏蒸结束，放气，取出装有去乙醇氯仿的烧杯后，反复抽真空 4~5 次（抽气－放气），每次 3 min。待完成以上步骤后，取出土样进行下一步实验。

③向熏蒸和未熏蒸的土样中各加入 25 mL 0.5mol/L 硫酸钾提取液，振荡 30 min（熏蒸与未熏蒸土样的操作步骤相同），振荡结束后用中速定性滤纸过滤至小口瓶中。

④吸取 5 mL 浸提液于消煮管中，再加入 5~10 mL 0.018 mol/L 重铬酸钾溶液，再加入适量石英砂。

⑤混匀后置于远红外消煮炉中消煮 10 min，消煮管放入前，炉中的温度应升至 179℃。

⑥待冷却后，转移到 150 mL 三角瓶中，用蒸馏水洗涤消化管 3~5 次，使溶液体积大约为 80 mL。

⑦熏蒸和未熏蒸的土样溶液中各加入 5 滴邻菲罗啉指示剂，用 0.05 mol/L 硫酸亚铁溶液滴定，溶液颜色先由橙黄色变成蓝绿色，变成棕红色时即为滴定终点。

⑧取 20.00 mL 0.05 mol/L 重铬酸钾溶液于 150 mL 的三角

瓶中，加入 3 mL 分析纯浓硫酸和 5 滴邻菲罗啉指示剂，用
0.05 mol/L 硫酸亚铁溶液滴定至终点。

（3）结果计算

$$W=\frac{(V_0-V_1)\times c\times 12\times ts\times K\times 1000}{m}$$

式中：

W——土壤中碳的含量，mg/kg；

V_0——滴定空白样时所消耗的硫酸亚铁溶液体积，mL；

V_1——滴定样品时所消耗的硫酸亚铁溶液体积，mL；

c——硫酸亚铁溶液的浓度，mol/L；

12——碳的摩尔质量，g/mol；

ts——分取倍数，25 mL/5 ml＝5；

K——转化系数，通常为 0.45；

m——烘干土样质量，g。

计算熏蒸与未熏蒸土样的差值，即为土壤微生物生物量碳含量。

3.8.1.2 微生物生物量氮

（1）试剂制备

①去乙醇氯仿和硫酸钾提取液（0.5 mol/L）的配制参见
3.8.1.1 微生物生物量碳试剂制备方法。

②苯酚溶液：称取 10 g 苯酚（C_6H_5OH，化学纯）和
0.1000 g 硝普钠 [$Na_2Fe(CN)_5NO\cdot 2H_2O$，化学纯] 溶于蒸
馏水中，用蒸馏水定容至 1 L，用棕色瓶贮存于 4℃冰箱，用时
加热至室温。

注：由于苯酚呈固体状，配制前需水浴加热（60℃），然后
将苯酚液体倒在一个小烧杯 A 中（烧杯及苯酚共约 25 g），然后
再将 A 中苯酚液体倒入烧杯 B 中，称量 A 及剩余液体质量约
15 g，说明 B 中的质量约为 10 g，此过程不必精准，B 中质量在

10~15 g 之间即可。

③次氯酸钠碱性溶液：称取 10 g NaOH（化学纯）、7.06 g Na$_2$HPO$_4$·7H$_2$O（化学纯）、31.8 g Na$_3$PO$_4$·12H$_2$O（化学纯）和量取 10 mL NaOCl（化学纯），混匀，用蒸馏水定容至 1 L，用棕色瓶贮存于 4℃冰箱。

④掩蔽剂：将 400 g/L 酒石酸钾钠（KNaC$_4$H$_4$O$_6$·4H$_2$O，化学纯）溶液与 100 g/L EDTA 二钠盐（C$_{10}$H$_{14}$O$_8$N$_2$Na$_2$·2H$_2$O，化学纯）溶液等体积混合，每 100 mL 混合液中加入 0.5 mL 10 mol/L NaOH 溶液。

⑤NH$_4^+$-N 标准液（5 μg/mL）：称取 0.4717 g 干燥的硫酸铵［(NH$_4$)$_2$SO$_4$，分析纯］溶于蒸馏水，定容至 1 L，即配成氮浓度为 100 μg/mL NH$_4^+$-N 的标准液，使用前加水稀释 20 倍，即配成 5 μg/mL NH$_4^+$-N 标准液。

（2）测定步骤

①称取过 2 mm 筛的鲜土 5.000 g 于瓶中，然后放进真空干燥箱中，并放置盛有去乙醇氯仿的烧杯（200 mL 左右），烧杯内加入适量的石英砂，同时还放入一小杯稀 NaOH 溶液（100 mL，吸收熏蒸期间释放的 CO$_2$），以及一小杯水（100 mL，保持湿度）。熏蒸时间为 24 h。另外称取同等质量鲜土，置于另一真空干燥箱以做未熏蒸对照实验。

②熏蒸结束，放气，取出装有去乙醇氯仿的烧杯后，反复抽真空 4~5 次（抽气-放气），每次 3 min。待完成以上步骤后，取出土样进行下一步实验。

③向熏蒸和未熏蒸的土样中各加入 25 mL 0.5 mol/L 硫酸钾提取液，振荡 30 min（熏蒸与未熏蒸土样的操作步骤相同），振荡结束后用中速定性滤纸过滤至小口瓶中。

④吸取 5 mL 浸提液于 50 mL 容量瓶中，再加入约 20 mL 蒸馏水。

⑤依次加入 5 mL 苯酚溶液和 5 mL 次氯酸钠碱性溶液，摇匀，若有沉淀则再加 1 mL 掩蔽剂，然后定容。显色 30 min 后在分光光度计上 625 nm 波长处比色，读取吸光度。

⑥标准曲线：分别吸取 0 mL、0.5 mL、1 mL、2 mL、3 mL、4 mL、5 mL 5 μg/mL 的 NH_4^+-N 标准液于 50 mL 的容量瓶中，后续步骤同⑤。

（3）结果计算

$$W=\frac{c \times V \times ts \times K}{m \times 1000}$$

式中：

W——土壤中氮的含量，mg/kg；

c——从标准曲线查得显色液中的浓度，μg/mL；

V——显色液的体积，mL；

ts——分取倍数，25 mL/5 mL＝5；

K——转化系数（通常为 0.54）；

m——烘干土样质量，g。

熏蒸与未熏蒸土样的差值即为土壤微生物生物量氮含量。

3.8.1.3 微生物生物量磷

（1）试剂制备

①去乙醇氯仿：去乙醇氯仿的配制参见 3.8.1.1 微生物生物量碳试剂制备方法。

②$NaHCO_3$ 溶液（0.5 mol/L）：取 42.00 g 分析纯 $NaHCO_3$ 溶于 1 L 蒸馏水中，调节 pH 值至 8.5。

③磷酸二氢钾溶液（0.008 mol/L）：称取 1.0984 g 分析纯磷酸二氢钾（称前 105℃烘 2~3 h）溶解于蒸馏水中，定容至 1 L。

④HCl 溶液：取 84 mL 分析纯 HCl 加蒸馏水稀释定容至 1 L。

⑤磷标准溶液：称取 0.1757 g 分析纯磷酸二氢钾（称前 105℃烘 2~3 h）溶于少量蒸馏水中，再加入 1~2 mL 浓硫酸，用蒸馏水定容至 1 L，即得到磷浓度为 40 $\mu g/mL$ 的磷贮存液，于 4℃下保存，取 50 mL 贮存液用蒸馏水稀释至 500 mL，即得到 4 $\mu g/mL$ 磷标准溶液，此溶液不宜久存。

⑥钼锑贮存液、钼锑抗显色剂的配制参见 3.5.1 土壤全磷测定试剂配制方法。

（2）测定步骤

①称取过 2 mm 筛的鲜土 5.000 g 于瓶中，然后放进真空干燥箱中，并放置盛有去乙醇氯仿的烧杯（200 mL 左右），烧杯内加入适量的石英砂，同时还放入一小杯稀 NaOH 溶液（100 mL，吸收熏蒸期间释放的 CO_2），以及一小杯水（100 mL，保持湿度）。熏蒸时间为 24 h。另外称取同等质量鲜土，置于另一真空干燥箱以做未熏蒸对照实验。

②熏蒸结束，放气，取出装有去乙醇氯仿的烧杯后，反复抽真空 4~5 次（抽气－放气），每次 3 min，待完成以上步骤后，取出土样进行下一步实验。

③熏蒸完毕，取出试验样品，向熏蒸和未熏蒸的土样中各加 25 mL 0.5 mol/L NaHCO₃ 溶液，另称取土样三份于瓶中，加入 0.5 mL 磷酸二氢钾溶液，再加入 25 mL 0.5 mol/L NaHCO₃ 溶液。全部样品振荡 30 min，然后用中速定性滤纸过滤至细口瓶，取 5 mL 滤液于 50 mL 的容量瓶中。加入 5 mL HCl 溶液，摇晃混匀，待泡沫去除完后加入 5 mL 钼锑抗显色剂，显色定容，于 882 nm 波长下比色。

④标准曲线：分别取 0 mL、0.25 mL、0.50 mL、1.00 mL、1.50 mL、2.00 mL 4 $\mu g/mL$ 磷标准溶液于 50 mL 容量瓶中，再加入与样液等体积的 NaHCO₃ 溶液，比色测定，即得0 $\mu g/mL$、0.04 $\mu g/mL$、0.08 $\mu g/mL$、0.16 $\mu g/mL$、0.24 $\mu g/mL$、0.32 $\mu g/mL$

系列标准磷溶液的工作曲线。

（3）结果计算

同 3.8.1.1 微生物生物量碳部分的计算。

3.8.2 土壤微生物群落结构测定

（1）试剂制备

①磷酸钾缓冲液：将磷酸钾缓冲剂粉末溶于蒸馏水后，调节 pH 值到 7.4 即可，需冷藏保存。

②氢氧化钾甲醇溶液（0.56%）：取 0.56 g 氢氧化钾溶于甲醇，定容至 100 mL。

③乙酸溶液（1 mol/L）：取 5.7 mL 乙酸溶于蒸馏水，定容至 100 mL。

④甲苯－甲醇溶液（1∶1）：等体积甲苯（分析纯）与甲醇（色谱纯）相溶。

⑤氯仿－正己烷溶液（1∶4）：氯仿（色谱纯）与正己烷（色谱纯）混合液，其体积比为 1∶4。

（2）测定步骤

①称取过 2 mm 筛的鲜土 1.000 g 于棕色瓶，依次加入 4.8 mL 磷酸钾缓冲液、12 mL 甲醇和 6 mL 氯仿（色谱纯）。

②涡旋 30 s，100 Hz 超声 10 min（水温应低于 30℃），37℃ 水浴加热 30 min。

③将液体转移至 50 mL 三角瓶，依次加入 6 mL 氯仿（色谱纯）和 6 mL 磷酸钾缓冲液，轻轻摇动后静置过夜（避光）。

④过夜后，吸取三角瓶中下层液体过 0.45 μm 孔径的有机相针头过滤器，加至经 5 mL 氯仿活化的硅胶柱。

⑤依次加入 2 mL（×3 次）氯仿（色谱纯），2 mL（×3 次）丙酮（色谱纯）洗涤硅胶柱。

⑥将洗涤后的硅胶柱转移到 10 mL 离心管，加入 2 mL（×

3 次）甲醇（色谱纯），将甲醇收集到离心管中，用氮气吹干。

⑦依次加入 1 mL 氢氧化钾甲醇溶液和 1 mL 甲苯－甲醇溶液（1∶1），涡旋 30 s 后于 37℃水浴 30 min。

⑧待冷却后，依次加入 0.1 mL 乙酸溶液和 2 mL（×2 次）氯仿－正己烷溶液（1∶4），吸取上层液体到另一离心管中，用氮气吹干，上机前于－20℃保存。

⑨加入 200 μL 氯仿－正己烷溶液（1∶4），上机测定。

3.8.3　功能微生物的分离与记数

这里所说的功能微生物是专指森林土壤中起到促进凋落物分解和养分循环作用的各种微生物，如纤维素分解微生物，木质素分解微生物，氨化、硝化、反硝化微生物等。这里面有细菌、真菌、放线菌等。

3.8.3.1　土壤微生物分离计数的基本方法

（1）稀释倒平板法

①土壤悬液的制备：用 1/100 天平无菌操作称取 10 g 过 2 min 筛的土样，放入盛有 90 mL 无菌水的三角烧瓶中（或 20 g 于 180 mL 的无菌水中，依用量定），振荡 10～15 min，得到均匀土壤悬液。

②取上述土壤悬液 1 mL 倒入盛有 9 mL 无菌水的试管中（或取 2 mL 倒入盛有 18 mL 无菌水的试管中），依次按 10 倍法稀释（或更高）。用吸管吸取时，在稀释液中反复吹吸 3～4 次，以减少因管壁吸附造成的误差，也可使悬液充分分散。

③根据各类微生物在上述土壤中存在数量的相对量，分别选取稀释度接种至相应种类平板培养基（一般真菌采用 10^{-1}、10^{-2}、10^{-3} 稀释度；放线菌用 10^{-3}、10^{-4}、10^{-5} 稀释度；细菌用 10^{-4}、10^{-5}、10^{-6} 稀释度。每个稀释度做 3～4 个重复）。接种方法可以用混菌法或涂抹法，接种后置 28℃～30℃恒温培养

箱中培养（细菌 3~5 d；真菌 5~7 d；放线菌 10~14 d），然后在细菌和放线菌中选取出现菌落数在 20~200 之间的培养皿；真菌中选取菌落数在 10~100 之间的培养皿进行计数。

注：扩散的细菌或真菌菌落占据琼脂表面 15% 以上的培养皿应该剔除，因为它们抑制了其他菌落的正常发育，从而造成误差。

（2）最大或然数法

对具特殊生理功能的细菌，常用最大或然数（MPN）法计数，如硝化菌、厌氧固氮菌、硫化菌、反硝化菌、纤维分解菌等。

①将制备好的稀释液按 10 倍连续稀释后，根据各类群在土壤中的大概数量选择 5 个相连稀释度，分别接种至各自的培养基，每一稀释度重复 5 管，即每种微生物需 25 管，接种后于 28℃培养 7~14 d，观察各菌落生长或反应情况。

②根据各稀释管中有无待测微生物生长或其生理反应得出数量指标，并依数量指标查数量统计表，计算得出微生物数量。

③注意事项。

a）确定数量指标时应选取稀释系列中所有重复都有生长（或呈正反应、阳性反应）的稀释度为数量指标的第一位数字。

b）用此法计数时，最后一个稀释度必须所有重复间均没有微生物生长。

④结果计算：每克土壤中的菌落数＝（数量指标对应近似数×数量指标第一位数稀释倍数）/干土百分比，干土百分比即为 1-含水量百分比。

3.8.3.2 分离各类微生物所用培养基配方及用法

（1）腐生好氧性细菌培养基

牛肉膏蛋白胨培养基：牛肉膏 3 g，蛋白胨 5 g，琼脂 18 g，蒸馏水 1000 mL，pH 7.0~7.2。

（2）**腐生厌氧性细菌培养基**

①高泽有机氮琼脂培养基：葡萄糖 10 g，蛋白胨 15 g，牛肉膏 3 g，NaCl 5 g，蒸馏水 1000 mL，pH 7.0。

②蛋白胨无机盐琼脂培养基：葡萄糖 2 g，蛋白胨 15 g，牛肉膏 3 g，$MgSO_4 \cdot 7H_2O$ 0.5 g，$FeSO_4 \cdot 7H_2O$ 0.05 g，1% $(NH_4)_2SO_4$ 溶液 10 mL，蒸馏水 1000 mL，pH 7.2。

（3）**放线菌培养基**

①改良高氏一号：KNO_3 1.0 g，$FeSO_4 \cdot 7H_2O$ 0.01 g，K_2HPO_4 0.5 g，淀粉 20 g，$MgSO_4 \cdot 7H_2O$ 0.5 g，琼脂 15 g，NaCl 0.5 g，蒸馏水 1000 mL。临用时在已经融化的培养基中加入重铬酸钾溶液，每 300 mL 培养基加 3% 重铬酸钾溶液 1 mL（100 ppm），以抑制细菌和霉菌生长，淀粉先加入少量冷水调成糊状后再加入培养基。

②马铃薯-蔗糖琼脂（PDA）培养基：20% 马铃薯浸出液 1000 mL，蔗糖 20 g，琼脂 18 g。

（4）**真菌培养基**

①马丁氏（Martin）培养基：初始培养基包括 KH_2PO_4 1.0 g，葡萄糖 10.0 g，$MgSO_4 \cdot 7H_2O$ 0.5 g，琼脂 18 g，蛋白胨 5.0 g，蒸馏水 1000 mL。上述培养基取 100 mL，加 1% 孟加拉红（Rose Bengal）溶液 3.3 mL，临用时每 100 mL 培养基加 1% 链霉素 0.3 mL（30 ppm）。

②查氏（Czapek）培养基：$NaNO_3$ 2.0 g，蔗糖 30.0 g，K_2HPO_4 1.0 g，KCl 0.5 g，$MgSO_4 \cdot 7H_2O$ 0.5 g，琼脂 18 g，$FeSO_4 \cdot 7H_2O$ 0.01 g，蒸馏水 100 mL，pH 7.0。

③PDA 培养基（同放线菌培养基）。

（5）**好氧性自生固氮菌培养基**

①瓦克斯曼氏（Waksman）77 号培养基：K_2HPO_4 0.5 g，1% 刚果红 5 mL，$MgSO_4 \cdot 7H_2O$ 0.2 g，琼脂 18 g，NaCl 0.2 g，

蒸馏水 1000 mL，$MnSO_4 \cdot 4H_2O$ 微量（1%溶液 2 滴），$FeCl_3 \cdot 6H_2O$ 微量（1%溶液 2 滴），pH 7.0（先测 pH 再加刚果红）。

②阿须贝氏（Ashby）无氮培养基：KH_2PO_4 0.2 g，$CaCO_3$ 5.0 g，$MgSO_4 \cdot 7H_2O$ 0.2 g，甘露醇 10.0 g，NaCl 0.2 g，琼脂 18 g，$CaSO_4 \cdot 2H_2O$ 0.1 g，蒸馏水 1000 mL。

（6）好氧性纤维素分解菌培养基

KH_2PO_4 1.0 g，NaCl 0.1 g，$MgSO_4 \cdot 7H_2O$ 0.3 g，$NaNO_3$ 2.5 g，$FeCl_3$ 0.01 g，琼脂 18 g，$CaCl_2$ 0.1 g，蒸馏水 1000 mL，pH 7.2 左右。

用法 1：将培养基倒在平板上，待凝固后在琼脂平板表面放一张无淀粉滤纸（滤纸提前用 1%醋酸浸泡 24 h，用碘液检查确定无淀粉后，再用 2%苏打水冲洗至中性，晾干即可），用三角形涂抹器使滤纸紧贴在琼脂表面，然后接种土粒或土壤悬液，保湿培养。

用法 2：将上述成分中除琼脂外的其他成分配制好后，分装于试管，每管约 5 mL，然后加处理过的滤纸条 1 条贴于试管内壁，一半浸入培养液，一半露出液面，用 MPN 法接种记数。

（7）厌氧性纤维素分解菌培养基

①磷酸铵钠培养基：$Na(NH_4)HPO_4$ 2.0 g，$CaCO_3$ 5.0 g，KH_2PO_4 1.0 g，$MgSO_4 \cdot 7H_2O$ 0.5 g，$CaCl_2 \cdot 6H_2O$ 0.5 g，蛋白胨 1.0 g，蒸馏水 1000 mL，加滤纸条或 2 mm×2 mm 纸片 0.05 g。

②依姆歇涅茨基氏培养基：$CaCO_3$ 2.0 g，蛋白胨 2.5 g，牛肉膏 1.5 g，蒸馏水 100 mL，加滤纸条或 2 mm×2 mm 纸片 0.05 g。

（8）亚硝化细菌培养基

$(NH_4)_2SO_4$ 2.0 g，$MgSO_4 \cdot 7H_2O$ 0.03 g，NaH_2PO_4 0.25 g，$CaCO_3$ 5.0 g，K_2HPO_4 0.75 g，$MnSO_4 \cdot 4H_2O$ 0.01 g，蒸馏水

1000 mL，pH 7.2。

培养 2 周后，取培养液于白瓷板上，加格利斯试剂甲液和乙液各 1 滴，若显红色，证明有亚硝化作用。

（9）硝酸细菌培养基

$NaNO_2$ 1.0 g，$MgSO_4 \cdot 7H_2O$ 0.03 g，K_2HPO_4 0.75 g，$MnSO_4 \cdot 4H_2O$ 0.01 g，NaH_2PO_4 0.25 g，Na_2CO_3 1.0 g，蒸馏水 1000 mL。

先用格利斯试剂测定，若不呈红色，再用二苯胺试剂测定，若呈蓝色，则有硝化作用。

（10）反硝化细菌培养基

柠檬酸钠 5.0 g，KNO_3 2.0 g，KH_2PO_4 1.0 g，K_2HPO_4 1.0 g，$MgSO_4 \cdot 7H_2O$ 0.2 g，蒸馏水 1000 mL，pH 7.2~7.5。

用奈氏试剂（生理生化反应中常用）及格利斯试剂测定有无氨和 NO_2^- 存在。若其中之一或二者均呈正反应，则表示有反硝化作用。若格利斯试剂加入后为负反应，再用二苯胺试剂亦为负反应，则表示有较强的反硝化作用。

3.8.3.3 微生物分离记数所需器械及试剂药品总结

（1）器械

三角烧瓶、试管、培养皿、天平、酒精灯、灭菌锅（湿热）、烘箱、电炉、培养箱、蒸馏水发生器、显微镜等。

（2）试剂药品

琼脂、牛肉膏、蛋白胨、葡萄糖、酵母膏、淀粉、蔗糖、$MgSO_4 \cdot 7H_2O$、$Na(NH_4)HPO_4$、KH_2PO_4、$CaCl_2 \cdot 6H_2O$、$CaCO_3$、NaH_2PO_4、$NaNO_2$、$MnSO_4 \cdot 4H_2O$、$FeCl_3 \cdot 6H_2O$、$CaCl_2$、$CaSO_4 \cdot 2H_2O$、1% 醋酸、2% 苏打水、NaOH、HCl、柠檬酸钠、1% 链霉素溶液、格利斯试剂、奈氏试剂、二苯胺等。

3.9 土壤动物测定

（1）研究意义

土壤动物群落不仅是森林土壤肥力的重要生物学指标，而且与土壤的形成、演替以及森林生态系统中的生物元素循环密切相关。蚯蚓、蚂蚁、白蚁等大型土壤动物群落对土壤团粒结构的形成，土壤孔隙性、通气性以及土壤生物化学特性等具有显著的影响。而以原生动物、线虫、螨类、跳虫等为主的中小型土壤动物群落在土壤营养元素的吸收与释放、凋落物的分解与周转、微生物群落结构更替等过程中起着不可替代的作用。因此，研究土壤动物群落对进一步深入研究土壤生态系统的结构和功能及其系统机理具有重要意义。

（2）方法原理

主要利用土壤动物避光性、避热性、避干燥性的特点，将动物从土壤中分离。

（3）实验材料

①大型土壤动物实验：卷尺、铁铲、镊子、正方形铁框 [50 cm×50 cm（0.25 m²）]、放大镜、存储瓶、酒精、体式显微镜、生物显微镜、解剖针。

②中小型土壤动物实验：卷尺、铁铲、环形取样器（100 cm²，25 cm²）、干漏斗 Tullgren 装置、湿漏斗 Baermann 装置、蒸馏水、酒精体式解剖镜、生物显微镜、解剖针。

（4）研究方法

①手捡法收集大型土壤动物：随机选取 5 个土壤环境条件（植被、地被、凋落物等）基本一致的样点，将正方形铁框 50 cm×50 cm（0.25 m²）嵌入土壤（防止土壤动物逃逸），逐层

取出土壤，通过放大镜，采用镊子手拣土壤动物，手拣完成后将土壤逐层回填，同时将所得样本分大类登记后放入盛有酒精的容器中带回室内，采用体式显微镜和生物显微镜，参照《中国土壤动物检索图鉴》鉴定分类。

②干漏斗（Tullgren 装置）（图 3-1）法分离中小型土壤动物：干生土壤动物采用 100 cm² 环形取样器沿土壤层自上而下逐层取样，所采样品装入密封、透气、避光的土壤动物收集袋，低温保存，迅速带回室内分离，采用改进的 Tullgren 法进行中小型干生土壤动物分离，干生动物每 12 h 观测 1 次，48 h 完成分离。采用体式显微镜和生物显微镜，参照《中国土壤动物检索图鉴》鉴定分类。

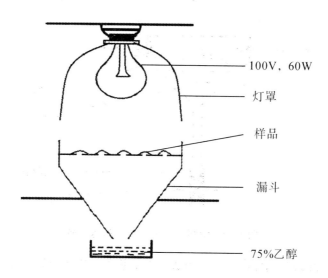

100V, 60W

灯罩

样品

漏斗

75%乙醇

图 3-1 干漏斗（Tullgren 装置）简图

干漏斗由三个部分组成：上部热源，中部放置样品，下部为收集漏斗和装有 75％乙醇的收集盘。分离结束将收集盘所得土壤动物置于体式显微镜下计数，采用体式显微镜和生物显微镜分类。

③湿漏斗（Baermann 装置）（图 3-2）法分离中小型土壤动物：湿生土壤动物采用 25 cm² 环形取样器沿土壤层自上而下逐层取样，所采样品装入密封、透气、避光的土壤动物收集袋，低温保存，迅速带回室内分离，采用 Baermann 法进行中小型湿生土壤动物分离。为防止线蚓自溶，湿生动物初始每 4 h 观测 1 次，以后时间间隔逐渐加长，48 h 完成分离。采用体式显微镜和生物显微镜，参照《中国土壤动物检索图鉴》鉴定分类。

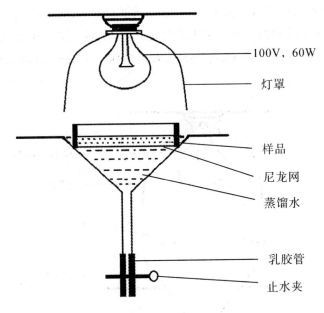

图 3-2　湿漏斗（Baermann 装置）简图

湿漏斗同样由三部分组成，上部热源，中部放置样品，下部为装满蒸馏水的漏斗，漏斗底部连接乳胶管并用止水夹阻止蒸馏水流出。分离结束将收集盘所得土壤动物置于体式显微镜下计数，采用体式显微镜和生物显微镜分类。

专门研究某一类土壤动物时，则采用专门的采集方法，如吸虫瓶采集法、陷阱采集法、引诱法、羽化捕捉法和手摇网筛法等。

3.10　土壤酶活性测定

3.10.1　土壤蔗糖酶测定——比色法

（1）**试剂制备**

①3，5-二硝基水杨酸溶液：称取 0.5 g 3，5-二硝基水杨酸，溶于 20 mL 2 mol/L 氢氧化钠溶液和 50 mL 蒸馏水的混合溶液中，再加 30 g 酒石酸钾钠，用蒸馏水稀释至 100 mL（保存不超过 7 天）。

②磷酸氢二钠溶液（1/15 mol/L）：称取 11.864 g $Na_2HPO_4 \cdot 2H_2O$ 或 23.864 g $Na_2HPO_4 \cdot 12H_2O$ 溶于蒸馏水，定容至 1 L。

③磷酸二氢钾溶液（1/15 mol/L）：称取 9.073 g KH_2PO_4 溶于蒸馏水，定容至 1 L。

④磷酸缓冲液（pH 5.5）：向 50 mL 磷酸氢二钠溶液（1/15 mol/L）中加入 950 mL 磷酸二氢钾溶液（1/15 mol/L），混合均匀即可。

⑤蔗糖溶液：称取 80 g 蔗糖溶于蒸馏水，定容至 1 L。

⑥标准溶液：葡萄糖在 50℃～58℃烘 8 h，称 0.5 g 溶于磷酸缓冲液（pH 5.5），定容至 100 mL。

（2）**测定步骤**

①称取 1 g 新鲜土样（共 4 份，其中有机质土样 3 份，无机质对照 1 份）于三角瓶中，向有机质中加入 0.25 mL 甲苯、15 mL 蔗糖溶液和 5 mL 磷酸缓冲液；向无机质中加入 0.25 mL 甲苯、

15 mL 蒸馏水和 5 mL 磷酸缓冲液。整个实验需做一个无土对照，向无土的三角瓶中加入 0.25 mL 甲苯、15 mL 蔗糖溶液和 5 mL 磷酸缓冲液。

②摇匀混合后，放入恒温箱，在 37℃ 培养 24 h。

③培养结束后，迅速用中速定性滤纸过滤到三角瓶中。吸取滤液 1 mL，加入玻璃试管中，再加 3 mL 3，5－二硝基水杨酸溶液，并在 100℃ 的水浴锅中加热 5 min，随即将试管冷却，洗入 50 mL 容量瓶定容，在分光光度计上于 508 nm 波长处进行比色。

④绘制标准曲线：分别取 0 mL、0.1 mL、0.3 mL、0.5 mL、0.7 mL、0.9 mL、1.1 mL、1.3 mL 标准溶液到玻璃试管，方法同③，进行测定和曲线绘制。

3.10.2 土壤脲酶测定——比色法

（1）试剂制备

①柠檬酸盐缓冲液（pH 6.7）：取 368 g 柠檬酸溶于 600 mL 蒸馏水，另取 295 g 氢氧化钾溶于少量蒸馏水，再将两种溶液合并，用 1 mol/L 氢氧化钠溶液将 pH 值调至 6.7，并用蒸馏水定容至 2 L。

②苯酚钠溶液：称 62.5 g 苯酚溶于少量乙醇，加入 2 mL 甲醇和 18.5 mL 丙酮，然后用乙醇定容至 100 mL（A 液），保存在冰箱中。称 27 g 氢氧化钠溶于水，定容至 100 mL（B 液），保存在冰箱中。使用前，将 A、B 两液混合，并用蒸馏水定容至 500 mL 备用。

③次氯酸钠溶液：量取 16.4 mL 有效氯 5.5% 的溶液，定容到 100 mL 容量瓶中。

④尿素溶液：称取 100 g 尿素，用蒸馏水定容至 1 L。

⑤标准溶液：精确称取 0.4717 g 硫酸铵溶于蒸馏水，定容

至 1 L，得到氮浓度为 100 μg/mL 的标准溶液。

（2）测定步骤

①称取 1 g 新鲜土样（共 4 份，其中有机质土样 3 份，无机质对照 1 份）于三角瓶中，向有机质中加入 2 mL 甲苯、10 mL 尿素溶液和 20 mL 柠檬酸盐缓冲液；向无机质中加入 2 mL 甲苯、10 mL 蒸馏水和 20 mL 柠檬酸盐缓冲液。整个实验需做一个无土对照，向无土的三角瓶中加入 2 mL 甲苯、10 mL 尿素溶液和 20 mL 柠檬酸盐缓冲液。

②摇匀混合后，放入恒温箱，在 37℃培养 24 h。

③培养结束后，迅速用中速定性滤纸过滤到三角瓶中，吸取 1 mL 滤液于 50 mL 容量瓶中，加蒸馏水至 20 mL，充分摇荡。

④依次加入 4 mL 苯酚钠溶液，仔细混合，再加入 3 mL 次氯酸钠溶液，充分摇荡，放置 20 min，加蒸馏水稀释至刻度，溶液呈现青蓝色，1 h 内（青蓝色在 1 h 内保持稳定）在分光光度计上于波长 578 nm 处进行比色测定。

⑤标准曲线：吸取配制好的标准溶液 10 mL，定容至 100 mL，分别吸取 0 mL、1 mL、3 mL、5 mL、7 mL、9 mL、11 mL、13 mL 移至不同 50 mL 容量瓶，加蒸馏水至 20 mL，再按步骤④进行显色，显色定容后在紫外分光光度计上于 578 nm 波长处进行比色测定。

3.10.3　土壤过氧化氢酶测定——滴定法

（1）试剂制备

①过氧化氢溶液（3%）：用 36% H_2O_2 溶液配制。

②3 mol/L 硫酸溶液。

③高锰酸钾溶液（0.02 mol/L）的配制与标定：

a）0.02 mol/L KMnO$_4$ 溶液的配制：称取 3.2 g KMnO$_4$，倒入 1000 mL 烧杯中，加入适当蒸馏水使其溶解后，用蒸馏水稀释至约 1000 mL。摇匀，加热煮沸并保持沸腾 1 h，冷却后过滤，静置过夜，过滤后标定其浓度。

b) 0.05 mol/L $Na_2C_2O_3$ 标准溶液的配制：称取 6.7000 g 基准 $Na_2C_2O_3$（120℃烘干 2 h 后冷却称量），溶解，定容至 1000 mL。

c) $KMnO_4$ 溶液的标定：取 25 mL 0.05 mol/L $Na_2C_2O_3$ 标准溶液，加蒸馏水 25 mL、3 mol/L 硫酸溶液 10 mL，加热至 60℃~70℃，用 $KMnO_4$ 溶液滴定，接近终点时逐滴加入至溶液颜色为微红色，30 s 不褪色。计算 $KMnO_4$ 溶液的浓度（C_{KMnO_4}）。

$$C_{KMnO_4} = \frac{C_{Na_2C_2O_3} \times V_{Na_2C_2O_3}}{V_{KMnO_4}}$$

（2）测定步骤

取 2 g 风干土，置于 100 mL 三角瓶中，并注入 40 mL 蒸馏水和 5 mL 3% 过氧化氢溶液。将三角瓶放在复式振荡器上，振荡 20 min（120 r/min，30℃），而后加入 5 mL 3 mol/L 硫酸溶解，以稳定未分解的过氧化氢，用慢速型滤纸过滤瓶中悬液，然后，吸取 25 mL 滤液，用 0.02 mol/L 高锰酸钾滴定至淡粉红色。

（3）结果计算

滴定土壤滤液所消耗的高锰酸钾量（毫升数）为 B，滴定 25 mL 原始的过氧化氢混合液所消耗的高锰酸钾量（毫升数）为 A。$(A-B)T$ 即为过氧化氢酶活性，其中 T 为高锰酸钾滴定量的校正值。

3.10.4　土壤磷酸酶测定——磷酸苯二钠比色法

（1）试剂制备

①磷酸苯二钠缓冲液：分别取 5 g 磷酸苯二钠溶于 100 mL pH 为 5.5 的醋酸盐缓冲液、5 g 磷酸苯二钠溶于 100 mL pH 为

7.0 的柠檬酸盐缓冲液、5 g 磷酸苯二钠溶于 100 mL 硼酸盐缓冲液。

②醋酸盐缓冲液（pH 5.0）：称取 27.22 g 醋酸钠（$CH_3COONa \cdot 3H_2O$）溶解于蒸馏水，定容至 1000 mL，即为 0.2 mol/L 醋酸钠溶液；吸取 700 mL 0.2 mol/L 醋酸钠溶液和 300 mL 0.2 mol/L 醋酸溶液混合，即得 0.2 mol/L 醋酸盐缓冲液（pH 5.0）。

③磷酸盐－柠檬酸缓冲液（pH 7.0）：取 35.61 g 磷酸氢二钠（$Na_2HPO_4 \cdot 2H_2O$）溶解于蒸馏水，定容至 1000 mL，得 X 溶液；取 21.01 g 柠檬酸溶解于蒸馏水，定容至 1000 mL，得 Y 溶液；取 363 mL X 溶液与 1637 mL Y 溶液混匀，即得 0.1 mol/L pH 为 7.0 的磷酸盐－柠檬酸缓冲液。

④硼砂－氢氧化钠缓冲液（pH 9.4）：取 19.07 g/L 硼砂溶液与 55 mL 0.2 mol/L NaOH 溶液混合稀释至 1000 mL。

⑤NH_4Cl－NH_4OH 缓冲液（pH 9.8）：取 20 g NH_4Cl，溶于 100 mL 浓 NH_4OH 中。

⑥铁氰化钾溶液：取 8 g 铁氰化钾溶于 100 mL 蒸馏水中。

⑦氨基安替比林溶液：取 2 g 4－氨基安替比林溶于 100 mL 蒸馏水中。

⑧酚的标准溶液：

a）酚原液：取 1 g 重蒸酚溶于蒸馏水中，稀释至 1 L，储于棕色瓶中；

b）酚工作液：取 10 mL 酚原液稀释至 1 L（每毫升含 0.01 mg 酚）。

⑨甲苯。

（2）标准曲线绘制

分别取 1 mL、3 mL、5 mL、7 mL、9 mL、11 mL 和 13 mL 酚工作液，置于 50 mL 容量瓶中，加入 20 mL 蒸馏水，

再加入 0.25 mL 磷酸苯二钠缓冲液（酸性磷酸酶用醋酸盐缓冲液，中性磷酸盐用柠檬酸盐缓冲液，碱性磷酸盐用硼酸盐缓冲液）、0.5 mL 氨基安替比林溶液、0.5 mL 铁氰化钾溶液，定容，15 min 后在 510 nm 波长处比色，以光密度为纵坐标，浓度为横坐标绘制成标准曲线。

（3）测定步骤

①称 5 g 风干土置于 200 mL 三角瓶中，加 1 mL 甲苯，轻摇 15 min 后，加入 20 mL 磷酸苯二钠缓冲液（酸性磷酸酶用醋酸盐缓冲液，中性磷酸酶用柠檬酸盐缓冲液，碱性磷酸酶用硼酸盐缓冲液），仔细摇匀后放入恒温箱，在 37℃培养 2 h。

②37℃培养 2 h 后过滤，吸取 5 mL 滤液于 50 mL 容量瓶中，然后按绘制标准曲线所述方法显色，用硼酸盐缓冲液时，呈现蓝色，在分光光度计上于波长 660 nm 处比色。

（4）结果计算

磷酸酶活性，以 24 h 后 1 g 土壤中释出的酚毫克数表示：

$$酚（mg）=a \times 8$$

式中：

a——从标准曲线上查得的酚毫克数，mg；

8——换算成 1 g 土的系数。

3.10.5　土壤纤维素酶测定——二硝基水杨酸比色法

（1）研究意义

纤维素是植物残体中进入土壤的碳水化合物之一。在纤维素酶作用下，它能初水解为纤维二糖。在纤维二糖酶作用下，纤维二糖分解成葡萄糖。所以，纤维素酶是碳循环中的一类重要酶。

（2）研究方法

测定土壤纤维素酶主要有以下几种方法：测定加到土壤中的纤维素的重量变化（剩余量）；通过对纤维素水解产物——葡萄

糖与某些物质（蒽酮、二硝基水杨酸）生成的着色化合物进行比色测定。测定加入土壤的纤维素黏合度的变化，纤维素分解时，溶液黏合度降低，用黏度计测定。

Reese 曾把纤维素酶分为 C_1 酶（用不溶纤维素作基质）和 C_X 酶（用可溶性羧甲基纤维素作基质）。测定纤维素酶选用的缓冲体系包括磷酸盐缓冲液（pH 为 5.5 或 6.8）、醋酸盐缓冲液（pH 为 5.5）和磷酸盐－柠檬酸盐缓冲液（pH 为 5.5）。

（3）试剂制备

①1％羧甲基纤维素。

②磷酸盐缓冲液（pH5.5）：由 0.06 mol/L KH_2PO_4 和 Na_2HPO_4 溶液混合制成。

③甲苯。

④3，5－二硝基水杨酸溶液：称 0.5 g 3，5－二硝基水杨酸，溶于 20 mL 2 mol/L 氢氧化钠和 50 mL 蒸馏水中，再加 30 g 酒石酸钾钠，用蒸馏水稀释至 100 mL（存放不超过 7 d）。

⑤葡萄糖标准溶液（1 mL 标准液含 0.2～0.8 mg 葡萄糖）。

⑥标准曲线绘制：分别取不同浓度葡萄糖标准溶液 1 mL，移至 25 mL 容量瓶中，加入 3 mL 3，5－二硝基水杨酸溶液，沸水浴 5 min，然后迅速冷却 3 min，定容，15 min 后在分光光度计上于 540 nm 波长处比色测定，以光密度值为纵坐标，以葡萄糖浓度为横坐标，绘制标准曲线。

（4）测定步骤

称 10 g 土壤置于三角瓶中，加 2 mL 1％羧甲基纤维素、5 mL 磷酸盐缓冲液（pH 5.5）及 1.5 mL 甲苯，将其放在 37℃ 培养 72 h，取出后过滤并定容至 25 mL。取 1 mL 滤液，加入 3 mL 3，5－二硝基水杨酸溶液，沸水浴 5 min，然后迅速冷却 3 min，定容，15 min 后在 540 nm 波长处比色。纤维素酶活性以 72 h 10 g 土壤生成的葡萄糖毫克数表示。

3.11 土壤呼吸测定

（1）影响土壤呼吸的因素

温度和湿度主要是通过影响土壤微生物代谢和植物根系生长来改变土壤呼吸作用。许多研究表明，土壤呼吸和温度之间存在明显的相关关系。Q_{10}值常用来描述温度和土壤呼吸之间的关系，它是指温度升高10℃时，土壤呼吸速率增大的倍数，平均值为2.4。湿度和温度一般共同作用于土壤呼吸，产生协同效应。在一定温度范围内，土壤呼吸随着温度和湿度的升高而增高。在水分饱和、渍水或过干的条件下，土壤呼吸将被抑制。植被类型、养分状况、有机质含量、土壤的理化性质等在不同的区域有很大的差异，这导致土壤呼吸速率的时间、空间异质性较大。

（2）土壤呼吸的测定方法

土壤呼吸采用碱液吸收法测定，其原理是：将一定浓度的碱液装入敞开的玻璃罐瓶中，放置在待测定的土壤表面，用一个上端密闭的金属圆桶罩住（下端嵌入土壤中至少2 cm）。当CO_2从土壤表面释放出来时，被保持在圆桶内，随即扩散被碱液吸收，达到测定时间后，取走碱液，碱液未反应的部分通过滴定确定，减去这一部分的量，即得到被碱液吸收的CO_2量。

具体操作：选择测定地点后，将20 mL NaOH 溶液（1 mol/L）装入玻璃瓶中，放在距地表2 cm处的三角支架上，迅速用金属桶罩住，桶要避免阳光直接照射，可用布、木板遮住，或外表镀上反光的铝箔。当碱液吸收24 h后，取走盛碱液的容器，用盖子盖紧，带到实验室进行分析。对照处理是：用碱液将金属桶中原有空气中的CO_2吸收，在测定地点将盛碱液的玻璃罐放入金属桶中，然后将桶的敞开一端也要密封住，如用盖盖住、用胶带纸将缝隙粘住。在实验室，将对照和暴露在土壤空气中的碱液进行滴定，确定未与 CO_2 反应的 NaOH 量。为此，要将过量的 $BaCl_2$（2 mol/L，5 mL）滴入碱液中，沉淀溶液中因 CO_2 被 NaOH 吸收而产生的 $NaCO_3$，形成 $BaCO_3$，再以酚酞作指示剂，用稀酸（1 mol/L HCl）中和未与 CO_2 反应而剩余的 NaOH。滴入酸时要慢，以免与已沉淀的 $BaCO_3$ 接触而使之重新溶解。记录下滴定碱液所消耗的酸的体积。

以下公式可用来计算 24 h 内土壤呼吸产生的 C 或 CO_2 量：

$$C\ 或\ CO_2\ (mg) = (V_1 - V_2)\ NE$$

式中：

V_1——中和对照处理中碱液所消耗的酸的体积，L；

V_2——中和土壤呼吸处理中碱液所消耗的酸的体积，L；

N——盐酸的当量浓度，mol/L；

E——重量转换系数，用碳表示时 $E = 6$，用 CO_2 表示时 $E = 22$。

（3）测定步骤

①选取好样点，将收集装置安装好。

②试剂配制：0.5 mol/L NaOH 溶液，0.5 mol/L 的 HCl 溶液，0.5 mol/L 的 $BaCl_2$ 溶液，酚酞指示剂。

③吸取 20 mL NaOH（过量）置于敞口容器中（如烧杯），迅速密封，然后将其放入收集容器，并密封。

④放置 2 h 后将其密封后取回，加入 5 mL $BaCl_2$（过量），沉淀生成 Na_2CO_3，用 0.5 mol/L HCl 溶液滴定。

（4）结果计算

计算 CO_2 排放通量，公式如下：

$$V_{CO_2} = \frac{(V_{标定} - V_{滴定}) \times c_{HCl} \times V_{桶} \times 0.0022}{t}$$

式中：

$V_{标定}$——标定液的体积；

$V_{滴定}$——滴定液的体积；

t——碱液吸收 CO_2 的时间；

$V_{桶}$——桶的体积；

c_{HCl}——HCl 溶液的浓度；

0.0022——换算系数。

参考资料

[1] BLIGH E G，DYER W J. A rapid method of total lipid extraction and purification ［J］. Canadian Journal of Biochemistry and Physiology，1959，37（8）：911－917.

[2] BROOKES P C，LANDMAN A，PRUDEN G，et al. Chloroform fumigation and the release of soil nitrogen：a rapid direct extraction method to measure microbial biomass nitrogen in soil ［J］. Soil Biology and Biochemistry，1985，17（6）：837－842.

[3] BURNS R G，DICK R P. Enzymes in the Environment：activity，ecology，and applications ［M］. New York：Marcel Dekker，2002.

[4] CHANG C H，WU F Z，YANG W Q，et al. The microbial community in decaying fallen logs varies with critical period in an alpine forest ［J］. PLoS One，2017，12（8）：e0182576.

[5] LU X X，LI S Y，HE M，et al. Seasonal changes of nutrient fluxes in the Upper Changjiang basin：an example of the Longchuanjiang River，China ［J］. Journal of Hydrology，2011，405（3）：344－351.

[6] TAN B，WU F Z，YANG W Q，et al. Characteristics of soil animal community in the subalpine/alpine forests of

western Sichuan during onset of freezing ［J］. Acta Ecologica Sinica，2010，30（2）：93－99.

［7］TAN B，WU F Z，YANG W Q，et al. Snow removal alters soil microbial biomass and enzyme activity in a Tibetan alpine forest ［J］. Applied Soil Ecology，2014，76：34－41.

［8］VANCE E D，BROOKES P C，JENKINSON D S. An extraction method for measuring soil microbial biomass C ［J］. Soil Biology and Biochemistry，1987，19（6）：703－707.

［9］VANDERBILT K L，WHITE C S，HOPKINS O，et al. Aboveground decomposition in arid environments：results of a long－term study in central New Mexico ［J］. Journal of Arid Environments，2008，72（5）：696－709.

［10］WILKINSON S C，ANDERSON J M，Scardelis S P，et al. PLFA profiles of microbial communities in decomposing conifer litters subject to moisture stress ［J］. Soil Biology and Biochemistry，2002，34（2）：189－200.

［11］XU Z F，HU R，XIONG P，et al. Initial soil responses to experimental warming in two contrasting forest ecosystems，Eastern Tibetan Plateau，China：nutrient availabilities，microbial properties and enzyme activities ［J］. Applied Soil Ecology，2010，46（2）：291－299.

［12］鲍士旦. 土壤农化分析 ［M］. 3 版. 北京：中国农业出版社，2000.

［13］关松荫. 土壤酶及其研究法 ［M］. 北京：农业出版社，1986.

［14］鲁如坤. 土壤农业化学分析方法 ［M］. 北京：中国农业科

技出版社，2000.

[15] 王滨，吴福忠，杨万勤，等. 四川盆地亚热带常绿阔叶林表层土壤氮截留与淋溶流失特征 [J]. 水土保持学报，2015，29 (6)：45-52.

[16] 吴金水，林启美，黄巧云，等. 土壤微生物生物量测定方法及其应用 [M]. 北京：气象出版社，2006.

[17] 杨万勤，王开运. 森林土壤酶的研究进展 [J]. 林业科学，2004，40 (2)：152-159.

[18] 尹文英. 中国土壤动物检索图鉴 [M]. 北京：科学出版社，1998.

4 凋落物相关指标测定

4.1 凋落物样品采集与处理

4.1.1 新鲜凋落物采集与处理

新鲜凋落物的采集通过在野外样地中布设凋落物收集器进行。根据实验安排，定期在样地内预先布设的收集器中进行收集，本实验布设于野外的凋落物收集器主要分为两类：

（1）方框形凋落物收集器

采集时，收集框中所有的凋落物，装入塑料密封袋，做好标记，遮光冷藏保存带回实验室进行分析。

（2）倒圆锥形凋落物收集器

采集时，收集系在圆锥体下方开口处的黑布袋中的凋落物，如圆锥体内壁中挂有凋落物，将凋落物人为移入黑布袋中，解下黑布袋装入塑料密封袋，做好标记，换上新的空黑布袋以便下一次采集。

4.1.2 分解袋中凋落物的采集与处理

分解袋中凋落物的采集：通过收集预先布设在样地内装有凋

落物的分解袋进行。根据实验安排，定期采集样地内预先布设的凋落物分解袋。

采集过程中，在尽量不损失目标样品的情况下，尽可能清除分解袋外附着的其他凋落物、植物根系以及土壤，装入塑料密封袋，做好标记，避光冷冻保存，带回实验室进行分析。

4.2 凋落物理化性质分析

4.2.1 凋落物分解温度检测

凋落物分解温度的检测是通过埋设装有纽扣式温度计的小号塑料密封袋进行，将密封袋埋入后用土覆盖，并将密封袋上所系的尼龙绳系在周边明显且固定的物体上（如树干或大型岩石等），温度计的记录时间有限，需定期进行更换，并将所记录数据读取保存。

4.2.2 凋落物含水量测定

①凋落物含水量是通过差量法进行测定的，需预先准备足量牛皮纸信封在50℃～60℃烘箱中烘干至恒重，经天平称重后，将信封质量记在信封上备用。

②将凋落物从分解网袋中倒入临时容器后，仔细分选出其中的杂物，再将凋落物装入备好的信封中，用粗天平称重，并将此时的质量（凋落物鲜重＋信封重）记在信封上。

③把装有凋落物的信封放入50℃～60℃的烘箱进行烘干，每8 h取出，用粗天平称重并记录数据于信封上，当质量不再下降时，表示凋落物已烘至恒重。

$$含水率（\%）= \frac{m_2 - m_3}{m_2 - m_1} \times 100\%$$

式中：

m_1——信封重，g；

m_2——信封重＋凋落物鲜重，g；

m_3——信封重＋凋落物干重，g。

4.2.3　凋落物酸碱度测定

将采回的凋落物自然风干后剪碎，加入蒸馏水（凋落物与水的比例为 1∶20）后充分搅匀，静置 30 min，过滤取上清液，用 pH 计测定其酸碱度。

4.2.4　凋落物质量损失测定

凋落物质量损失是通过差量法进行测定的。在分解袋中取出凋落物，装入预先备好的、记录好信封自重的烘干信封，烘至恒重后，计算出凋落物的初始质量 m_0。后期每次采样后，用相同的方法得到该次采样的凋落物干重 m_i。

$$w = m_0 - m_i$$

式中：

w——凋落物质量损失，g；

m_0——凋落物初始质量，g；

m_i——凋落物第 i 次采样的质量，g。

仔细清理分解袋上附着的土壤和侵入的根系，计算凋落物质量损失率。

$$D（\%）=（W_t / W_0）\times 100\%$$

式中：

D——凋落物的质量损失率，%；

W_t——换算出的凋落物样品分解 t 时间后损失的重量，g；

W_0——投放时分解袋样品初始重量，g。

4.3 凋落物碳、氮、磷测定

4.3.1 凋落物有机碳测定

（1）方法原理

根据《森林土壤有机质的测定及碳氮比的计算》（LY/T 1237—1999），采用重铬酸钾氧化法测定凋落物中有机碳。加热消煮使有机碳氧化为 CO_2、$Cr_2O_7^{2-}$ 离子被还原为 Cr^{3+} 离子，剩余的 $K_2Cr_2O_7$ 用 $FeSO_4$ 溶液滴定，计算即可得有机碳含量。

（2）仪器设备

210℃消化炉，消煮管，锥形瓶，酸式滴定管。

（3）试剂制备

①1/6 $K_2Cr_2O_7$ 溶液（0.8000 mol/L）：39.2245 g 重铬酸钾（$K_2Cr_2O_7$，分析纯）加 400mL 蒸馏水，加热溶解，冷却后用蒸馏水定容至 1L。

②$FeSO_4$ 溶液（0.2000 mol/L）：$FeSO_4 \cdot 7H_2O$ 56.0000 g 溶解于蒸馏水，加 15mL 浓硫酸，用蒸馏水定容至 1 mL。

③邻菲罗啉指示剂：邻菲罗啉（$C_{12}H_8N_2 \cdot H_2O$）1.4850 g 与硫酸亚铁（$FeSO_4 \cdot 7H_2O$）0.6950 g 溶于 100 mL 蒸馏水，形成红棕色络合物，贮于棕色瓶中。

（4）测定步骤

①称样：称取凋落物 0.0100 g 左右，置于消煮管底部。一批样品不少于 3 个对照。

②消煮：加 0.8000 mol/L 1/6 $K_2Cr_2O_7$ 10 mL，再加浓硫酸 5 mL，摇匀，于 210℃消煮 10~15 min，用 50 mL 左右蒸馏水

将消煮管内容物洗入锥形瓶。

③滴定：加邻菲罗啉指示剂 4～5 滴，用 0.2000 mol/L FeSO₄（标定）滴定，溶液由橙黄色经墨绿色迅速变为棕红色。

（5）结果计算

$$OC = \{ [(C_{K_2Cr_2O_7} \times V_{K_2Cr_2O_7})/V_1] \times (V-V_0) \times 0.003 \times$$
$$1.1 \times 10^3 \}/DM$$
$$= [C_{FeSO_4 标} \times (V_0-V) \times 0.003 \times 1.1 \times 10^3]/DM \quad (1)$$
$$OM = OC \times 1.724 \quad (2)$$

式中：

OC——有机碳含量，g/kg；

OM——有机质含量，g/kg；

$C_{K_2Cr_2O_7}$——1/6 $K_2Cr_2O_7$ 浓度，0.8000 mol/L；

$V_{K_2Cr_2O_7}$——1/6 $K_2Cr_2O_7$ 体积，10 mL；

V_0——空白对照组滴定消耗 FeSO₄ 的平均体积，mL；

V_1——标定 1/6$K_2Cr_2O_7$ 消耗 FeSO₄ 的体积，mL；

V——样品组滴定消耗 FeSO₄ 体积，mL；

DM——样品干质量，g；

$C_{FeSO_4 标}$——经标定的 FeSO₄ 浓度，mol/L；

0.003——1/4 碳原子的毫摩尔质量，g/mmol；

1.1——氧化校正系数；

10^3——kg 与 g 之间的进制换算；

1.724——有机碳与有机质之间的换算系数。

4.3.2 凋落物全氮测定

（1）方法原理

根据《土壤全氮测定法（半微量开氏法）》（GB 7173—1987）、《森林土壤氮的测定》（LY/T 1228—2015），采用凯氏定氮法测定凋落物全氮。通过浓 H_2SO_4 加热消煮使全氮转化为铵态氮，用 NaOH 碱化，蒸馏出氨，用 H_3BO_3 吸收，用标定的 HCl 滴定。

（2）仪器设备

220℃消化炉，360℃消化炉，凯氏定氮仪，消煮管，锥形瓶，100 mL 容量瓶，酸式滴定管。

（3）试剂制备

①NaOH 溶液（400 g/L）：取 NaOH 400 g 溶于 1 L 蒸馏水。

②H_3BO_3溶液（20 g/L）：取 H_3BO_3 20 g 溶于 1 L 蒸馏水。

③HCl 溶液：取浓 HCl 8.4 mL 溶于 1.0 L 蒸馏水，即为 0.1 mol/L HCl 溶液，再稀释 10 倍，用 0.01 mol/L 硼砂（Na_2B_4 $O_7 \cdot 10H_2O$）标准溶液标定，得 HCl（标定）溶液浓度。

④$Na_2B_4O_7$标准溶液（0.01 mol/L）：取 $Na_2B_4O_7 \cdot 10H_2O$ 1.9068 g 溶于 500 mL 蒸馏水。

⑤甲基红－溴甲酚绿指示剂：取甲基红 0.066 g 与溴甲酚绿 0.099 g 研磨，溶于 100 mL 无水乙醇（可稳定保存 60 天）。

⑥催化剂：硫酸钾（K_2SO_4）与五水硫酸铜（$CuSO_4 \cdot 5H_2O$）以 9：1 混合，于研钵中研细，充分混合均匀。（注意：K_2SO_4易结晶；$CuSO_4 \cdot 5H_2O$ 为有毒粉末。）

（4）测定步骤

①称样：取凋落物 0.2000 g 左右称重，置于消煮管底部，加催化剂 3.0～3.5 g，混匀，加 2～3 滴蒸馏水润湿，加浓 H_2SO_4 7.5 mL，过夜（>4 h）。

②消煮：消煮管顶部放置弯颈回流漏斗，消煮，冷却。用 50 mL 左右蒸馏水将消煮管内容物洗入 100 mL 容量瓶，摇匀，放至冷却，定容，过滤（中速定性滤纸）至 100 mL 小口瓶备用。

③蒸馏：锥形瓶中加 20 g/L H_3BO_3溶液 10 mL 和甲基红－

溴甲酚绿指示剂 2 滴；消煮管中加待测液 25 mL，安装于凯氏定氮仪，加入 400 g/L NaOH 溶液，蒸馏 4 min 左右。

④滴定：用 0.01 mol/L HCl（标定）溶液滴定，溶液由绿色经透明迅速变为红色。

（5）结果计算

$$TN\text{（g/kg）} = \frac{(V-V_0) \times c \times ts \times 0.014 \times 10^3}{DM}$$

式中：

TN——全氮含量，g/kg；

V——样品组滴定消耗 HCl 溶液体积，mL；

V_0——空白组滴定消耗 HCl 溶液体积，mL；

c——HCl（标定）溶液浓度，mol/L；

ts——分取倍数，100 mL/25 mL＝4；

0.014——氮原子的毫摩尔质量，g/mmol；

10^3——kg 与 g 之间的进制换算；

DM——样品干质量，g。

4.3.3 凋落物全磷测定

（1）方法原理

根据《森林土壤磷的测定》（LY/T 1232—2015），采用钼锑抗分光光度法。浓 H_2SO_4 加热消煮使全磷转化为可溶性磷酸盐，在一定 pH 值和 Sb^{3+} 存在下，H_3PO_4 与钼酸铵〔$(NH_4)_6Mo_7O_{24} \cdot 4H_2O$〕反应形成锑磷钼混合杂多酸，被抗坏血酸（$C_6H_8O_6$）还原为磷钼蓝，用分光光度计比色，根据回归方程计算全磷含量。

（2）仪器设备

220℃消化炉，360℃消化炉，分光光度计，消煮管，50 mL容量瓶。

（3）试剂制备

磷标准液（5 μg/mL）、NaOH 溶液（2 mol/L）、钼锑贮存

129

液、钼锑抗显色剂、2，4－二硝基酚指示剂（2 g/L）的制备同
3.5.1 土壤全磷测定制备方法。

（4）测定步骤

①称样：同凋落物全氮测定。

②消煮：同凋落物全氮测定。

③显色：取待测液 5 mL 于 50 mL 容量瓶，加蒸馏水 20 mL
左右，加 2，4－二硝基酚指示剂 2 滴，用 2 mol/L NaOH 溶液
调节 pH 至微黄，过碱则加 H_2SO_4 溶液（约 0.5 mol/L）回调。
加钼锑抗显色剂 5 mL，定容，显色 30 min。

④比色：提前预热 30 min，于 700 nm 波长处测定 OD 值。
由回归方程求得磷浓度。

⑤绘制标准曲线：取 5 μg/mL 磷标准液 0 mL、1 mL、2 mL、
3 mL、4 mL、5 mL、6 mL 于 50 mL 容量瓶，定容，得 0 μg/mL、
0.1 μg/mL、0.2 μg/mL、0.3 μg/mL、0.4 μg/mL、0.5 μg/mL、
0.6 μg/mL 磷标准系列溶液。同待测液显色方法相同。以 0 μg/mL
磷标准液调零，于 700 nm 波长处测定 OD 值。以标准磷浓度
（μg/mL）为横坐标，OD 值为纵坐标，绘制标准曲线，建立回归
方程。

（5）结果计算

$$TP\ (g/kg) = \frac{(c \times V \times D \times 10^{-3})}{DM}$$

式中：

TP——全磷含量，g/kg；

c——磷浓度，由回归方程求得，μg/mL；

V——反应体积，mL；

D——分取倍数，100 mL/5 mL＝20；

10^{-3}——质量之间的进制换算；

DM——样品干质量，g。

4.3.4 凋落物水溶性有机碳、氮、磷测定

（1）备置待测液

备置方法：精确称取 0.5000 g 干样，加入 150 mL 锥形瓶中，加入 50 mL 蒸馏水，常温下振荡 30 min，过 0.45 μm 滤膜，即为待测液，将待测液置于生化培养箱中（4℃）保存，用以分析（一周内完成）。

（2）水溶性有机碳的测定

水溶性有机碳采用 TOC 分析仪（multi N/C 2100）测定。每次抽取 200 μm 待测液进行测定。低浓度可以用直接法（NPOC）测定，高浓度可以用差减法（TC－IC）测定，但注意不能超过仪器的范围。

（3）水溶性氮的测定

抽取 25 mL 待测液于消煮管中，然后根据凋落物全氮的测定方法（凯氏定氮法）测定，即为水溶性氮。

（4）水溶性磷的测定

抽取 5 mL 待测液于 50 mL 容量瓶中，然后根据凋落物全磷的测定方法（钼锑抗比色法）测定，即为水溶性磷。

4.4　凋落物腐殖化测定

4.4.1　凋落物腐殖质光学特性测定

（1）试剂制备

①NaOH 和 $Na_4P_2O_7 \cdot 10H_2O$ 混合提取液（0.1 mol/L）：称取氢氧化钠 20 g 和十水合焦磷酸钠 223 g，将称取的药品放入烧杯，用量筒量取 1.5～2.0 L 蒸馏水，于烧杯中将药品溶解

（为加速药品溶解，可以放入水浴锅中加热），待其冷却后，再定容至 5 L。

②NaHCO₃溶液（0.05 mol/L）：称取碳酸氢钠 4.2 g，溶于少量蒸馏水，再定容至 1 L。

（2）测定步骤

①待测液提取：称取风干样品 1.00 g 于 150 mL 锥形瓶，加 100 mL 0.1 mol/L NaOH 和 $Na_4P_2O_7 \cdot 10H_2O$ 混合提取液，加塞振荡 10 min，沸水浴 1 h，待冷却后过滤，于 3000 r/min 离心 10 min，再过 0.45 μm 滤膜，滤液为待测液。

②取待测液 10 mL，加 0.05 mol/L NaHCO₃溶液，调节 pH 值至 7～8，用分光光度计测定 400 nm、465 nm、600 nm 和 665 nm 波长处的吸光值，用碱提取液作为对照进行测定。

（3）结果计算

$$\Delta logK = log\left(\frac{A_{400}}{A_{600}}\right)$$

$$\frac{E_4}{E_6} = \frac{A_{465}}{A_{665}}$$

式中：A_{400}、A_{600}、A_{465}、A_{665} 分别为 400 nm、600 nm、465 nm、665 nm 波长处吸光值。

4.4.2 凋落物组成成分测定

（1）试剂制备

①NaOH 和 $Na_4P_2O_7 \cdot 10H_2O$ 混合提取液（0.1 mol/L）的制备方法参见 4.4.1 凋落物腐殖质光学特性测定部分。

②H₂SO₄溶液（0.5 mol/L）：用移液管量取 27 mL 浓硫酸于 400 mL 蒸馏水中，待其冷却后，再定容至 1 L。

③H₂SO₄溶液（0.05 mol/L）：取 200 mL 0.5 mol/L H₂SO₄溶液，定容至 2 L。

④NaOH 溶液（0.05 mol/L）：称取氢氧化钠 20 g 溶于少量蒸馏水中，再定容至 1 L。将配制好的 0.5 mol/L NaOH 溶液稀释10 倍即为 0.05 mol/L NaOH 溶液。

（2）测定步骤

①待测液提取：称取风干样品 1.00 g 于 150 mL 锥形瓶，加 100 mL 0.1 mol/L NaOH 和 $Na_4P_2O_7 \cdot 10H_2O$ 混合提取液，加塞振荡 10 min，80℃水浴 1 h，冷却后过滤，于 3000 r/min 离心 10 min，再过 0.45 μm 滤膜，滤液为待测液。

②取待测液 1 mL 于 PE 管，稀释 10 倍，测定总腐殖质含量（Humus Substances，HS）。

③取待测液 20 mL 于试管，试管口加软木塞，于 80℃水浴 10 min。逐滴加 0.5 mol/L H_2SO_4 溶液至 pH 值为 2（出现絮状沉淀），80℃水浴 30 min，过夜。用 0.05 mol/L H_2SO_4 溶液洗涤，过滤，沉淀为胡敏酸（Humic Acid，HA），滤液为富里酸（Fulvic Acid，FA）。用热的 0.05 mol/L NaOH 溶液少量多次洗涤沉淀，过滤至 100 mL 容量瓶，定容，取溶解的胡敏酸溶液过 0.45 μm 滤膜，测定胡敏酸和富里酸含量，并由此计算胡敏素（Humin，Hm）、腐殖化度（Humification Degree，HD）和腐殖化率（Humification Ratio，HR）。

④碳含量的测定使用 TOC 进行。

（3）结果计算

$$Hm = HS - HA - FA$$
$$HD = HS/OC$$
$$HR = HD/Dt$$

式中：

Hm——胡敏素含量，mg/g；

HS——腐殖质含量，mg/g；

HA——胡敏酸含量，mg/g；

FA——富里酸含量，mg/g；

HD——腐殖化度，%；

OC——有机碳含量，mg/g；

HR——腐殖化率，%/d；

Dt——实验持续的天数，d；

OC 的测定参考凋落物有机碳测定方法。

4.5 凋落物组分测定

4.5.1 总水溶性组分测定

（1）测定步骤

总水溶性组分以热水浸提。精确称取 1.0000 g 干样（m_1）（精确至 0.0001 g），加入 250 mL 锥形瓶中，加入 100 mL 80℃的热蒸馏水，置于沸水浴中加热 30 min，并不时摇荡。将样品转移到已称重（G）的干燥砂芯漏斗中，用热蒸馏水洗涤残渣及锥形瓶，并将瓶内残渣全部洗入砂芯漏斗，继续洗涤至洗液无色后，再多洗涤 2~3 次。用真空泵抽干滤液，砂芯漏斗于（105±2)℃烘干至恒重（m_2）。

（2）结果计算

热水抽出物含量 x（%），按如下公式计算：

$$x(\%) = \frac{m_1 - (m_2 - G)}{m_1} \times 100\%$$

式中：

m_1——抽提前试样的干质量，g；

m_2——抽提后试样的干质量，g；

G——干燥砂芯漏斗质量，g。

4.5.2　总有机溶性组分测定

（1）测定步骤

采用索式提取器以三氯甲烷抽提。称取样品 1.0000 g（m_1）（精确至 0.0001 g），放入已经干燥的滤纸套中，将滤纸套及样品置于 60℃的烘箱中烘干称重（m_2），用 150 mL 三氯甲烷于 80℃下索式提取，提取至溶剂颜色变为无色，然后滤纸套及样品在 60℃下烘干至恒重（m_3），通过重量损失测定有机溶性组分含量。

（2）结果计算

有机溶剂抽出物含量 $x(\%)$，按下式计算：

$$x(\%) = \frac{m_2 - m_3}{m_1} \times 100\%$$

式中：

m_1——抽提前试样的干质量，g；

m_2——抽提前样品和滤纸套的干质量，g；

m_3——抽提后样品和滤纸套的干质量，g。

4.5.3　总酸溶性和酸不溶性组分测定

（1）测定步骤

①采用索式提取器，以三氯甲烷抽提有机溶性组分。称取样品 1.0000 g（m_1）（精确至 0.0001 g），放入已经干燥的滤纸套中，将滤纸套及样品置于 60℃的烘箱中烘干称重（m_2），然后用 150 mL 三氯甲烷于 80℃下索式提取，提取至溶剂颜色变为无色，然后滤纸套及样品在 60℃下烘干至恒重（m_3）。

②将滤纸套中的样品转移至 250 mL 锥形瓶中，加入 100 mL 80℃的热蒸馏水，置于沸水浴中加热 30 min，并不时摇荡。将样品转移到已称重（G）的干燥砂芯漏斗中，用热蒸馏水洗涤残渣及

锥形瓶，并将瓶内残渣全部洗入砂芯漏斗，继续洗涤至洗液无色后，再多洗涤 2~3 次。用真空泵抽干滤液，砂芯漏斗于（105±2）℃烘干至恒重（m_4），去除水溶性物质。

③用 72%硫酸注满砂芯漏斗，用玻璃棒搅拌至样品完全浸软后，浸泡样品过夜，第二天用热蒸馏水多次洗涤残渣，用真空泵抽干滤液，提取酸溶性物质。砂芯漏斗于（105±2）℃烘干至恒重（m_5），剩余残渣为酸不溶性物质。

（2）结果计算

通过重量损失测定酸溶性和酸不溶性物质含量，结果计算如下：

①酸溶性物质含量 $x(\%)$，按下式计算：

$$x(\%) = \frac{m_4 - m_5}{m_1} \times 100\%$$

式中：

m_1——抽提前试样的干质量，g；

m_4——抽提了有机溶性物质与水溶性物质后试样的干质量，g；

m_5——抽提了有机溶性物质、水溶性物质与酸溶性物质后试样的干质量，g。

②酸不溶性物质含量 $x(\%)$，按下式计算：

$$x(\%) = \frac{m_5 - G}{m_1} \times 100\%$$

式中：

m_1——抽提前试样的干质量，g；

m_5——抽提了有机溶性物质、水溶性物质与酸溶性物质后试样的干质量，g；

G——干燥砂芯漏斗的质量，g。

4.6 凋落物金属元素测定

（1）方法原理

植物样品用硝酸消煮，可使用电感耦合等离子体发射光谱法（ICP－AES）同时测定铁、铝、钙、镁、钾、钠、锰、铜、锌等元素的含量。硝酸是强酸，同时又是强氧化剂，沸点为80℃。当混合酸加入样品后，硝酸与有机质作用，产生无色二氧化碳及棕色二氧化氮气体，使样品膨胀、起泡，加热时作用更强。

（2）仪器设备

①微波消解仪、分析天平、元素测定相关仪器。

②50 mL 容量瓶、中速定性滤纸、锥形瓶或塑料瓶（小白瓶，60 mL）。

③移液管、移液枪等。

（3）试剂

①用于消煮样品的试剂：浓 HNO_3（优级纯），高氯酸。

②用于清洗容器的试剂：化学纯 HNO_3 或 HCl。

③金属元素标准液、去离子水。

（4）测定步骤

①制备待测液。

a）用微波消解法制备待测液：准确称取 0.2000 g 凋落物粉末干样，置于微波消解仪的消煮管底部，加入 7 mL 浓 HNO_3，摇匀，放置于通风橱过夜消解。将消煮管依次置于消煮炉转盘，放入微波消解仪。按照设定的消解程序进行消解，消解结束后冷却至室温，轻轻拧开管盖放出内部气体，用去离子水将消解液洗入 50 mL 容量瓶中，定容，摇匀，过滤至塑料瓶中待测。

b）用浓硝酸与高氯酸消解制备待测液：准确称取 0.2000 g

凋落物粉末干样于聚四氟乙烯坩埚中，加入 5 mL 混合酸［浓硝酸与高氯酸以 5∶1（体积比）混合］，放置于通风橱中静置过夜。将装有样品的坩埚放入高压消解罐中拧紧，放入烘箱中。温度分别设置为 80℃（20 min）、120℃（1 h）、160℃（1 h）、180℃（2 h）。待消化完成后冷却至室温，用去离子水将消解液全部转移至 50 mL 容量瓶中，定容，摇匀，并迅速移至塑料瓶中保存。

②制备空白试样：不加样品，其余同"制备待测液"步骤，制备空白待测液 2～3 份。

③绘制标准曲线：用金属元素标准液自行配制待测标准溶液，标准溶液酸的浓度与消煮液中酸的浓度接近，标准溶液平时应放置在冰箱中（4℃），放置时间不宜过长。

④样品测定。

a）打开空气泵（包括电源开关、红色开关按钮、绿色开关按钮），乙炔罐拧开，红色旋钮向"ON"方向拧紧，压力表显示在 0.09～0.10 之间。打开电脑及仪器，取下挡板，打开 Wizaard 软件，输入用户名及密码，进入后选择仪器，检测 Air，检测废液传感器，检测 N_2O，检测 C_2H_2，漏气检查过程中选择元素向导，选择元素，编辑参数，设定标准曲线，输入标尺浓度，设定样品组（使用前检查灯位设置）。

b）对于待测液，亦可直接按照设定程序，使用电感耦合等离子体发射光谱法同时测定多种金属元素含量。

（5）结果计算

$$X = \frac{(D-B) \times 50}{M}$$

式中：

X——样品中元素含量，mg/kg；

D——样品测定值，mg/L；

B——空白值，mg/L；

M——样品质量，g。

（6）其他

①微波消解仪消解前称样品注意事项：称样时混匀样品；称样时一定要避免交叉污染；样品应放到消煮管底部，避免粘在壁上；每次（40 个样）都要称取 1 个标样和 2 个空白。

②微波消解程序设置应在工程师指导下进行，采用阶段式升温，参考程序如下：

第一阶段：外温时间为 6 min，温度为 120℃，持续 2 min；

第二阶段：外温时间为 4 min，温度为 150℃，持续 5 min；

第三阶段：外温时间为 4 min，温度为 185℃，持续 20 min。

除上述 3 个阶段以外，之后还有一个冷却过程，大约需要 25 min。因此，一次消煮共需大约 70 min。消煮管内不能有金属物质等，以免爆炸。

③消煮管清洁：消煮管每次消煮使用过后应用大量自来水冲洗，再用去离子水润洗，晾干或擦干外壁后加入 7~8 mL 硝酸（优级纯），拧紧管盖，放入消煮炉转盘中。打开仪器，按"HOME"键进入主界面，依次选择 load method、select、user directory、select、clean、select，点击开始。待冷却阶段结束，取出消煮管，将内容物倒入废液桶，再用去离子水清洗 3~4 次，倒扣晾干备用（消解时保持消煮罐外壁干燥）。

④容量瓶、小漏斗、移液管等需洗涤的仪器在使用前需用 1∶10 硝酸（化学纯即可）或 1∶8 盐酸（化学纯即可）浸泡 3 h 以上，然后用自来水冲洗 2~3 次，再用去离子水清洗干净，放在干净的密闭容器中，用于清洗的稀酸用一个固定的容器盛装，最多洗两次后就要更换酸。

⑤样品消煮完后尽快进行测定，不宜放置时间太长；测定时首先要先测定空白和标样，确定没有问题后再开始样品的测定；

每测定 20 个样品后需要校准一次标准曲线；如果空白和标样结果不可靠，则与此相关的所有样品的测定结果无效。

4.7　凋落物微生物测定

4.7.1　凋落物微生物生物量测定

4.7.1.1　微生物生物量碳测定

（1）试剂制备

去乙醇氯仿、硫酸钾提取液（0.5 mol/L）、重铬酸钾－浓硫酸溶液（0.018 mol/L）、邻菲罗啉指示剂、硫酸亚铁溶液（0.05 mol/L）和重铬酸钾溶液（0.05 mol/L）的配制参见3.8.1.1 微生物生物量碳试剂制备方法。

（2）测定步骤

①称取 2.000 g 新鲜凋落物于瓶中，然后将瓶放进真空干燥箱，并放置盛有去乙醇氯仿的烧杯（200 mL 左右），烧杯内加入适量的石英砂，同时还应放入一小杯稀 NaOH 溶液（100 mL，吸收熏蒸期间释放的 CO_2），以及一小杯水（100 mL，保持湿度），熏蒸时间为 24 h。另外称取同等质量鲜土，置于另一干燥箱做未熏蒸对照实验。

②熏蒸结束，放气，取出装有去乙醇氯仿的烧杯，反复抽真空 4~5 次（抽气－放气），每次 3 min。待完成以上步骤后，方可取出土样进行下一步实验。

③向熏蒸和未熏蒸的土样中加入 25 mL 硫酸钾提取液，振荡 30 min（熏蒸与未熏蒸土样的操作步骤相同）。振荡结束后用中速定性滤纸过滤至小口瓶中。

④吸取 5 mL 浸提液于小消煮管中，再加入 5~10 mL

0.018 mol/L 的重铬酸钾－浓硫酸溶液，再加入适量石英砂。

⑤混匀后置于远红外消煮炉中消煮 10 min。消煮管放入前，炉中的温度应升至 179℃。

⑥待冷却后，将溶液无损转移到 150 mL 三角瓶中，用蒸馏水洗涤消煮管 3~5 次，使溶液体积大约为 80 mL。

⑦各加入 5 滴邻菲罗啉指示剂，用 0.05 mol/L 的硫酸亚铁溶液滴定，溶液颜色先由橙黄色变成蓝绿色，再变成棕红色，即为滴定终点。

⑧取 20 mL 0.05 mol/L 的重铬酸钾溶液于 150 mL 的三角瓶中，加入 3 mL 分析纯浓硫酸和 5 滴邻菲罗啉指示剂，用 0.05 mol/L 硫酸亚铁溶液滴定至终点。根据消耗的硫酸亚铁溶液的体积计算硫酸亚铁溶液的准确浓度，计算公式为

$$C_2 = C_1 V_1 / V_2$$

式中，C_1 和 C_2 分别代表重铬酸钾溶液浓度（0.05mol/L）和硫酸亚铁溶液的浓度；V_1 和 V_2 分别代表重铬酸钾标准溶液（20 mL）和硫酸亚铁溶液的体积。

4.7.1.2 微生物生物量氮测定

（1）试剂制备

去乙醇氯仿、硫酸钾提取液的配制参见 3.8.1.1 微生物生物量碳试剂制备方法。苯酚溶液、次氯酸钠碱性溶液、掩蔽剂和 NH_4^+-N 标准液的配制参见 3.4.3 土壤铵态氮测定试剂制备方法。

（2）测定步骤

①称取 2.000 g 新鲜凋落物于瓶中，然后将瓶放进真空干燥箱中，并放置盛有去乙醇氯仿的烧杯（200 mL 左右），烧杯内加入适量的石英砂，同时还应放入一小杯稀 NaOH 溶液（100 mL，吸收熏蒸期间释放的 CO_2），以及一小杯水（100 mL，保持湿度），熏蒸时间为 24 h。另外称取同等质量鲜土，置于另一干燥箱以做

未熏蒸对照实验。

②熏蒸结束，放气，取出装有去乙醇氯仿的烧杯，反复抽真空 4~5 次（抽气－放气），每次 3 min。待完成以上步骤后，方可取出土样进行下一步实验。

③向熏蒸和未熏蒸的土样中加入 25 mL 硫酸钾提取液，振荡 30 min（熏蒸与未熏蒸的操作步骤相同）。振荡结束后用中速定性滤纸过滤至小口瓶中。

④吸取 5 mL 浸提液于 50 mL 容量瓶中，再加入约 20 mL 蒸馏水。

⑤依次加入 5 mL 苯酚溶液和 5 mL 次氯酸钠碱性溶液，摇匀，若有沉淀加掩蔽剂 1 mL，然后定容。显色 30 min 后在分光光度计上 625 nm 波长处比色，读取吸光度。

⑥标准曲线：分别吸取 0 mL、0.5 mL、1 mL、2 mL、3 mL、4 mL、5 mL 5 $\mu g/mL$ 的 NH_4^+-N 标准液于 50 mL 的容量瓶中，后续步骤同⑤。

4.7.1.3 微生物生物量磷测定

（1）试剂制备

去乙醇氯仿、$NaHCO_3$ 溶液、磷酸二氢钾溶液、HCl 溶液、磷酸二氢钾标准溶液的配制参见 3.8.1.3 微生物生物量磷试剂制备方法。钼锑贮存液、钼锑抗显色剂的配制参见 3.5.1 土壤全磷测定试剂配制方法。

（2）测定步骤

①称取 2.000 g 新鲜凋落物于瓶中，然后将瓶放进真空干燥箱中，并放置盛有去乙醇氯仿的烧杯（200 mL 左右），烧杯内加入适量的石英砂，同时还应放入一小杯稀 NaOH 溶液（100 mL，吸收熏蒸期间释放的 CO_2），以及一小杯水（100 mL，保持湿度），熏蒸时间为 24 h。另外称取同等质量鲜土，置于另一干燥

箱以做未熏蒸对照实验。

②熏蒸结束，放气，取出装有氯仿的烧杯，反复抽真空 4～5 次（抽气－放气），每次 3 min，待完成以上步骤后，方可取出土样进行下一步实验。

③熏蒸完毕后，取出试验样品，向熏蒸和未熏蒸的土样中各加 25 mL 0.5 mol/L 的 NaHCO$_3$ 溶液，另称取土壤三份于瓶中，加入 0.5 mL 磷酸二氢钾溶液，再加入 25 mL 0.5 mol/L 的 NaHCO$_3$ 溶液，全部样品振荡 30 min，然后用中速定性滤纸过滤至细口瓶，取 5 mL 滤液于 50 mL 的容量瓶中。加入 5 mL HCl，摇晃待泡沫去除后加入 5 mL 的钼锑抗显色剂，显色定容，于 882 nm 波长处比色。

④绘制标准曲线：分别取 0.00 mL、0.25 mL、0.50 mL、1.00 mL、1.50 mL、2.00 mL 4 μg·P/mL 磷酸二氢钾标准溶液于 50 mL 容量瓶中，再加入与样液等体积的 0.5 mol/L NaHCO$_3$ 溶液，比色测定，即得 0 μg·P/mL、0.04 μg·P/mL、0.08 μg·P/mL、0.16 μg·P/mL、0.24 μg·P/mL、0.32 μg·P/mL 系列标准溶液。以标准溶液浓度为横坐标，吸光值为纵坐标，绘制标准曲线。

4.7.2   凋落物微生物群落结构测定（PLFA）

（1）试剂制备

磷酸钾缓冲液、氢氧化钾甲醇溶液、乙酸溶液、甲苯－甲醇溶液（1∶1）、氯仿－正己烷溶液（1∶4）的配制参见 3.8.2 土壤微生物群落结构测定试剂制备方法。

（2）测定步骤

①称取 1.000 g 新鲜凋落物于棕色瓶，依次加入 4.8 mL 磷酸钾缓冲液，12 mL 甲醇和 6 mL 氯仿（色谱纯）。

②涡旋 30 s，100 Hz 超声 10 min（水温应低于 30℃），37℃水浴加热 30 min。

③将液体转移至 50 mL 三角瓶，依次加入 6 mL 氯仿（色谱纯）和 6 mL 磷酸钾缓冲液，轻轻摇动后静置过夜（避光）。

④过夜后，吸取三角瓶中下层液体过 0.45 μm 孔径的有机相针头过滤器，加入经 5 mL 氯仿活化的硅胶柱中。

⑤依次加入 2 mL（×3 次）次氯仿（色谱纯），2 mL（×3 次）丙酮（色谱纯）洗涤硅胶柱。

⑥将洗涤后的硅胶柱转移到 10 mL 离心管，加入 2 mL（×3 次）次甲醇（色谱纯），将甲醇收集到离心管中，氮气吹干。

⑦依次加入 1 mL 氢氧化钾甲醇溶液和 1 mL 甲苯－甲醇溶液（1:1），涡旋 30 s 后于 37℃水浴 30 min。

⑧待冷却后，依次加入 0.1 mL 乙酸溶液和 2 mL（×2 次）氯仿－正己烷溶液（1:4），吸取上层液体到另一离心管中，氮气吹干，上机前于 −20℃保存。

⑨加入 200 μL 氯仿－正己烷溶液（1:4），上机测定。

4.8 凋落物酶活性测定

（1）试剂制备

①氢氧化钠溶液：取 4 g 氢氧化钠溶于 100 mL 去离子水。

②醋酸缓冲液：取 4.374 g 三水乙酸钠与 1.1 mL 冰醋酸溶于 1 L 去离子水（用冰醋酸调节 pH 值至 5）。

③酸性磷酸酶底物缓冲液：取 185.6 mg 对硝基苯磷酸二钠溶于 100 mL 醋酸缓冲液。

④纤维二糖水解酶底物缓冲液：取 92.7 mg 对硝基苯纤维二糖糖苷溶于 100 mL 醋酸缓冲液。

⑤β－葡萄糖苷酶底物缓冲液：取 150.7 mg 对硝基苯－β－葡糖苷溶于 100 mL 醋酸缓冲液。

⑥β－N－乙酰葡糖胺糖苷酶底物缓冲液：取 68.5 mg 对硝基苯－β－N－乙酰葡糖胺糖苷溶于 100 mL 醋酸缓冲液。

⑦亮氨酸氨基肽酶底物缓冲液：取 125.7 mg L－亮氨酸－4－硝基苯胺溶于 100 mL 醋酸缓冲液。

⑧多酚氧化酶/过氧化物酶底物缓冲液：98.6 mg 左旋多巴（L－DOPA）溶于 100 mL 醋酸缓冲液。可将配好的 100～200 mL 底物缓冲液保存于冰箱中，如果不污染能保存几周，注意溶液混合之后需要调节 pH 值至 5.0。

⑨过氧化氢溶液：取 10 mL 30%过氧化氢溶液稀释至 1 L。

（2）测定步骤

①取新鲜凋落物，把样品分成 2 份。

②1 份用于称重，记录质量，然后放入牛皮纸袋中，65℃烘干至恒重（2 d），称干重。

③另 1 份称取约 2 g（湿重），记录准确的质量，放入小的广口瓶，加入 60 mL 醋酸缓冲液，用磁力搅拌器搅拌 2 min。

④选择一个酶标板，所有的样品和对照都要设置 6～8 个重复。每个酶标板设置空白（孔里空着或者加 200 μL 的缓冲液），同时设置底物对照组（底物＋缓冲液）。此外，每个样品还要设置粗酶液对照组（粗酶液＋缓冲液）和样品测量组（粗酶液＋底物）。

⑤将粗酶液倒入培养皿或浅的容器，用磁力搅拌器剧烈搅拌，确保粗酶液注入酶标板的孔中之前混合均匀。为了避免草碎片堵住枪头，可将枪头端部剪掉一些，使口直径为 1～2 mm。

⑥使用移液枪分别吸取 50 μL 粗酶液到粗酶液对照组和样品测量组，加 50 μL 缓冲液到底物对照组，加 150 μL 缓冲液到粗酶液对照组，加 150 μL 底物溶液到底物对照组和样品测量组。对于过氧化物酶，还需加 10 μL 0.3%过氧化氢溶液到底物对照组和样品测量组。

⑦将酶标板放到摇床上，氧化酶样品的酶标板要尽可能高速地摇（但不能洒出来）。酸性磷酸酶培养 45 min；多酚氧化酶和过氧化物酶培养 1~2 h；β－N－乙酰葡糖胺糖苷酶培养 3 h；纤维二糖水解酶培养 4 h；β－葡萄糖苷酶培养 1 h；亮氨酸氨基肽酶培养 4~6 h。培养时间可根据样品的酶活性大小调整。培养温度控制在 30℃。

⑧用移液枪，从孔中取出 100 μL，注意不要吸入底部的凋落物，注入新的酶标板（提示：调整好移液枪的容量，不用一直改变）。

⑨在每个孔中加入 5 μL 1.0 mol/L 氢氧化钠溶液终止反应并显色（注：多酚氧化酶、过氧化物酶和亮氨酸氨基肽酶不需要终止反应，因此培养完毕后应尽快比色）。

⑩多酚氧化酶和过氧化物酶在 450 nm 波长处测定吸光值。其余种类的酶在 405 nm 波长处测定吸光值，如果样品的吸光值超过了 2.000，需要把培养的时间缩短一些再重新测定或者少加一点粗酶液。

（3）结果计算

①酸性磷酸酶、纤维二糖水解酶、β－葡萄糖苷酶和 β－N－乙酰葡糖胺糖苷酶活性的计算。

酶活性用单位时间（h）单位质量（g）干凋落物水解底物的量（μmol）表示。

$$酶活性 = \frac{OD}{\dfrac{EC}{0.200 \times h} \times \dfrac{gDoM}{V} \times 0.050}$$

式中：

OD——样品 Abs －（底物对照组 Abs ＋ 样品对照组 Abs）；

EC——消光系数；

h——培养时间；

$gDoM$——样品重×干重÷湿重；

V——粗酶液体积。

注意：这个条件下对硝基苯的 EC 为 4.2。通过把 1.00 μmol/mL 的对硝基苯酚标准溶液稀释成不同的浓度来制作一个标准曲线。在 405 nm 波长处测定吸光值。根据吸光值和浓度来做回归分析，求回归方程，斜率 a 就是 EC，吸光率和浓度呈线性关系，OD 最高达到 2.000。

②亮氨酸氨基肽酶活性的计算。

酶活性用单位时间（h）单位质量（g）干凋落物转化底物的量（μmol）表示。

$$酶活性 = \frac{OD}{\dfrac{EC}{0.200 \times h} \times \dfrac{gDoM}{V} \times 0.050}$$

式中：

OD——样品 Abs －（底物对照组 Abs ＋ 样品对照组 Abs）；

EC——消光系数；

h——培养时间；

$gDoM$——样品重×干重÷湿重；

V——粗酶液体积。

注意：这个条件下对硝基苯胺的 EC 为 3.6。通过把 1.00 μmol/mL 的对硝基苯胺标准溶液稀释成不同的浓度来制作一个标准曲线，在 405 nm 波长处测定吸光值。根据吸光值和浓度来做线性回归，求回归方程，斜率 a 就是 EC，吸光率和浓度呈线性关系，OD 最高达到 2.000。

③多酚氧化酶和过氧化物酶活性的计算。

酶活性用单位时间（h）单位质量（g）干土转化底物的量（μmol）表示。

$$酶活性 = \frac{OD}{\dfrac{EC}{0.200 \times h} \times \dfrac{gDoM}{V} \times 0.050}$$

式中：

OD——样品 Abs −（底物对照组 Abs ＋ 样品对照组 Abs）；

EC——消光系数；

h——培养时间；

$gDoM$——样品重×干重÷湿重；

V——粗酶液体积。

注意：用 100 μL 蘑菇酪氨酸酶（1 mg/mL，溶于50 mmol/L 醋酸缓冲液中，pH 5.0），3 mL 醋酸缓冲液（50 mmol/L）和 1 mL 1 mmol/L 左旋多巴（L−DOPA）醋酸缓冲液（50 mmol/L）制成反应混合液。室温放置 6 h，在 405 nm 波长处测定反应混合液的吸光值，然后除以0.25 μmol/mL，得到吸光度（μmol/mL），得到的 EC 大概为0.403。

参考资料

[1] BERG B，MCCLAUGHERTY C. Plant Litter：Decomposition，humus formation，carbon sequestration ［M］. 3rd ed. Berlin：Springer，2003.

[2] BLIGH E G，DYER W J. A rapid method of total lipid extraction and purification ［J］. Canadian Journal of Biochemistry and Physiology，1959，37（8）：911−917.

[3] CHANG C H，WU F Z，YANG W Q，et al. The microbial community in decaying fallen logs varies with critical period in an alpine forest ［J］. PLoS One，2017，12（8）：e0182576.

[4] USELMAN S M，QUALLS R G，LILIENFEIN J. Production

of total potentially soluble organic C，N，and P across an ecosystem chronosequence：root versus leaf litter［J］. Ecosystems，2009，12（2）：240－260.

［5］ WILKINSON S C，ANDERSON J M，SCARDELIS S P, et al. PLFA profiles of microbial communities in decomposing conifer litters subject to moisture stress［J］. Soil Biology and Biochemistry，2002，34（2）：189－200.

［6］ 鲍士旦. 土壤农化分析［M］. 3 版. 北京：中国农业出版社，2000.

［7］ 何毓敏，曾勇，张艺，等. 微波消解－ICP－MS 法快速分析藏药"佐塔"中的金属元素［J］. 药物分析杂志，2008，28（10）：1665－1669.

［8］ 李晗，吴福忠，杨万勤，等. 不同厚度雪被对高山森林 6 种凋落物分解过程中酸溶性和酸不溶性组分的影响［J］. 生态学报，2015，35（14）：4687－4698.

［9］ 刘虎生，邵宏翔. 电感耦合等离子体质谱技术与应用［M］. 北京：化学工业出版社，2005.

［10］ 鲁如坤. 土壤农业化学分析方法［M］. 北京：中国农业科技出版社，2000.

［11］ 吴金水，林启美，黄巧云，等. 土壤微生物生物量测定方法及其应用［M］. 北京：气象出版社，2006.

［12］ 王雪梅，杜彤彤，王娟，等. 微波消解/ICP－MS 同时测定粮食、蔬菜中的 11 种重金属元素［J］. 分析测试学报，2017，36（12）：1522－1525.

［13］ 徐李亚，杨万勤，李晗，等. 长江上游高山森林林窗对凋落物分解过程中可溶性碳的影响［J］. 长江流域资源与环境，2015，24（5）：882－891.

［14］ 徐李亚，杨万勤，李晗，等. 雪被覆盖对高山森林凋落物

分解过程中水溶性和有机溶性组分含量的影响 [J]. 应用
生态学报，2014，25（11）：3067−3075.

[15] 张川. 高山森林溪流凋落物分解中有机组分的变化特征
[D]. 成都：四川农业大学，2016.

[16] 张川，杨万勤，岳楷，等. 高山森林溪流冬季不同时期凋
落物分解中水溶性氮和磷的动态特征 [J]. 应用生态学报，
2015，26（6）：1601−1608.

[17] 占新华，周立祥. 土壤溶液和水体环境中水溶性有机碳的
比色分析测定 [C] //第八届全国青年土壤暨第三届全国
青年植物营养与肥料科学工作者学术讨论会，2004.

5 水样相关指标测定

5.1 水样采集与处理

为了能够真实反映水体的质量，除采用精密的仪器和准确的分析技术外，特别要注意水样的采集和保存。采集的样品要能代表水体的质量。采样后易发生变化的成分，需在现场测定。带回实验室的样品，在测定前要妥善保存，以确保样品成分在保存期间无变化。

溪流水体的组成相对稳定，瞬时样品具有很好的代表性。当水体的组成随时间发生变化时，则要在适当的时间间隔内进行瞬时采样，分别进行分析，测出水质的变化程度、频率和周期。当水体的组成发生空间变化时，就要分别在各个相应的部位采样。

进行背景值调查时，应设置在不受人类活动影响或影响很小的上游河段。

采集水样前，应先用水样洗涤采样容器、盛样瓶及盖子或塞子 2~3 次，采样容器应由惰性物质制成，不易破裂，清洗方便，且密封性和开启性均较好，必须避免样品吸附、蒸发和保护样品免受外来物质的污染，所以需使用能塞紧的容器，但不得使用橡皮塞或软木塞，一般采用无色具塞硬质玻璃瓶或聚乙烯瓶。

采样时应保证采样点的位置准确。采样时不可搅动水底部的沉积物，也不能混入水面上漂浮的物质。如果水样中含沉降性固体（如泥沙等），则应分离除去。

各种水质的样品，在采集至分析这段时间里，由于物理的、化学的和生物学的作用，会发生各种变化。为了尽量避免这些变化，必须采取必要的保护措施，并尽快地进行分析。

①保存水样的基本要求。

a）减缓生物作用；

b）减缓化合物或者络合物的水解及氧化还原作用；

c）减少组分的挥发和吸附损失。

②保存措施。

a）选择适当材料的容器；

b）控制溶液的 pH 值；

c）加入化学试剂抑制氧化还原反应和生化作用；

d）冷藏或冷冻，以降低细菌活性和化学反应速度。

5.2　水样理化性质分析

5.2.1　水温

当需要长期监测温度时可使用纽扣式温度计，瞬时测量水温采用 YSI Professional Plus 便携式水质仪。

5.2.2　电导率

用 YSI Professional Plus 便携式水质仪测定。

5.2.3　流速

用流速仪测定。当流速仪测速困难或出现超出流速仪测速范围的高流速、低流速、小水深等情况时，用浮标法测定。

5.2.4　pH 值

pH 值可表示水的酸碱程度，pH 值低于 7.0 为偏酸性，pH 值高于 7.0 为偏碱性。天然水的 pH 值多在 6～9。由于天然水的 pH 值受水温影响，测定应在规定的温度下进行，或者校正温度。一般采用 YSI Professional Plus 便携式水质仪测定。

5.2.5　溶解氧（DO）

用 YSI Professional Plus 便携式水质仪测定。

5.3　水样碳、氮、磷的测定

5.3.1　水样总有机碳测定

总有机碳（TOC），是以碳的含量表示水体中有机物总量的综合指标。TOC 的测定采用燃烧法，能将有机物全部氧化。TOC 比 BOD_5 或 COD 更能直接表示有机物的总量，因此常常被用来评价水体中有机物污染的程度。

（1）方法原理

①差减法。

$$TOC = TC - TIC$$

试样进入燃烧管后所有的碳会变成二氧化碳，通过检测器测得 TC。试样进入燃烧管后，样品中的无机碳和磷酸反应生成二氧化碳，能过检测器测得 TIC。通过差减得到 TOC 值。

②直接法。

$$TOC = NPOC + POC$$

样品加入过量的酸进行酸化，酸化的过程是 TIC 和酸进行反应生成二氧化碳，然后样品经曝气吹扫除去二氧化碳和 POC，最后将样品注入燃烧管中进行催化燃烧，再通过检测器测得 NPOC 值。

NPOC 的酸化是通过加入过量的浓盐酸或者浓磷酸，等充分反应后测试样品的 pH 值，只有 pH<2 时，才认为 TIC 反应完全。

（2）测定方法

①样品的前期处理。水样必须用 0.45 μm 的滤膜过滤，待测液需在 4℃条件下冷藏备用。

②仪器选择和使用方法。

a）TOC 分析仪：multi N/C 2100（Analytik jena）。

差减法测定：用 500 μL 微量注射器分别准确吸取待测液 200 μL，依次在 TOC 分析仪上选择 TC 和 IC 测定方法，注入燃烧管，分别测量 TC 和 IC 的吸收峰峰面积，得到相应的 TC 和 IC 值，运用公式 TOC=TC−IC 得到 TOC 值。

直接法测定：用盐酸对待测液进行酸化，等充分反应后用 pH 试纸测定样品的 pH 值，保证其 pH 在 2 左右，在 TOC 分析仪上选择 NPOC 测定方法，先对酸化后的待测液进行吹扫，去除无机碳，再吸取 200 μL 吹扫后的样品注入燃烧管，测量吸收峰面积，得到 NPOC 值。

b）自动进样 TOC 分析仪：vario TOC select（Elementar）。

差减法测定：将待测样品吸取 10 mL 装入自动进样 TOC 分析仪的样品罐中，依次放入样品盘 2~49 的样品位，样品盘 1 号位放置装有去离子水的样品罐，在自动进样 TOC 分析仪上选择

TC/IC 测定方法，仪器自动测量 TC 及 TIC 值，软件通过差减得到 TOC 值。

直接法测定：将待测样品加入过量的浓盐酸或者浓磷酸酸化，等充分反应后测试样品的 pH 值，要求 pH<2。吸取 10 mL 酸化后的样品装入自动进样 TOC 分析仪的样品罐中，依次放入样品盘 2~49 的样品位，样品盘 1 号位放置装有去离子水的样品罐，在自动进样 TOC 分析仪上选择 NPOC 测定方法，仪器自动测得 NPOC 结果（在使用 NPOC 测定方法时，软件默认样品盘 32 号位为酸瓶，手动酸化后，自动进样分析时在软件提醒是否进行酸化时点否）。

③精密度和准确度。使用 Vario TOC select（Elementar）测量时，软件默认每个样品测定次数为 2+1 次（相对偏差小于 3%），取平行测定结果的算术平均值为测定结果。

使用 multi N/C 2100（Analytik jena）测量时，取平行测定结果的算术平均值为测定结果。

④注意事项。样品必须经过 0.45 μm 的滤膜过滤，务必保证没有固体颗粒残渣进入燃烧管。若样品内盐分过高，需充分稀释，否则样品会凝结在燃烧管壁上，致使燃烧管断裂。

（3）仪器操作

①multi N/C 2100（Analytik jena）操作规程及其使用注意事项。

操作规程：

a）打开氧气瓶总阀，调节分压阀至 0.2~0.5 MPa。

b）打开主机电源。

c）待主机指示灯变绿后打开软件 multiWin。

d）调节针型阀（Main）使气流量在（160±3）μmol/s。

e）待仪器初始化完毕，软件左上角所有状态显示 OK 后，载入已存方法。

f）选择相应的测定方法后开始测量，点击"启动"，用进样针吸取待测样品 200 μL。

g）待软件弹窗提示可以注射样品时，将进样针垂直插入进样孔，点击"OK"，并将样品注射入燃烧管。

h）待样品测量完成后，手动记录样品数据。

i）关机：先退出软件，再关闭仪器主机，然后将氧气瓶总阀关闭拧紧。

注意事项：

a）只有待主机指示灯变绿后，才能双击 multiWin 图标，打开软件。

b）每次注射时尽量将注射针对准 TC 隔膜中心位置。

c）每次测试开始时，应先注射一定量的去离子水清洗，待仪器指示稳定后，再开始样品测定。

d）每次测试完毕，应先注射一定量的空白液，待仪器指示稳定后，再退出软件，关闭仪器。

e）若气流量显示不正常，TIC 冷凝器模块没有气泡冒出，需关闭仪器，检查仪器各处是否有堵塞（联系仪器管理员）。

②Vario TOC select（Elementar）操作规程及其使用注意事项。

操作规程：

a）打开氧气瓶总阀，将分压阀调节到接近 0.1 MPa。

b）打开仪器主机电源开关，仪器将进行自检，自检动作包括：多通阀复位，注射泵复位，机械臂升降和样品盘复位（大约 2 min）。

c）仪器自检完成后打开软件，软件搜索连接端口并自动连接仪器，成功后会在界面左下角过程状态显示"STANDBY"。

d）点击"选项-设置-参数"，将反应器工作温度设置为 850℃，点击"确认"。

e）等待温度到设定值（约 20 min），然后才可设定工作表开展分析测试工作。

f）准备样品：样品需要经过 0.45 μm 的膜过滤后才可上机。如果使用 NPOC 方法，样品还需要充分酸化。浓度较高的样品可以先定量稀释后再上机。

g）关机：将系统压力调节到 40 kPa；将燃烧炉温度设置为 50℃，当燃烧炉温度降到 100℃以下时，关闭钢瓶总阀；当系统压力降低至 20 kPa 以下时，关闭软件，最后关闭仪器电源。

注意事项：

a）注意软件状态栏左下角维护提醒指示进度条，双击进度条进入维护页面，以进度条的方式指示各个事件已经使用的进度。单击选中这些事件，则在右侧窗口显示选中的事件的详细信息。进度条指示有三种颜色，当进度小于 80％时指示为绿色，当进度为 80％～99％时指示为黄色，当进度大于 99％时指示为红色（联系仪器管理员）。

b）液体燃烧管：维护时更换里面的填充材料。

c）液体灰分管：维护时清洗灰分管和重新填装石英棉。

d）脱卤素管：维护时更换铜棉。

e）干燥管：维护时更换高氯酸镁。

f）储酸管：维护时更换磷酸。

g）固体灰分管：维护时清理灰分管并重新填装铝棉。

h）固体燃烧管：维护时更换里面的填充材料。

i）对于盐分含量比较高的水样，燃烧管温度设为 680℃，低盐分水样燃烧管温度设为 850℃。海水、严重污染的废水及采用盐（硫酸钾等）浸提的水样为高盐分水样，地表水及自来水可认为是低盐分水样。由于多数盐的熔融温度为 700℃～800℃（如氯化钠为 800℃，氯化钙为 774℃），分析高盐分水样时如果仍采用 850℃，可能会导致催化剂效率降低和燃烧管脆裂。

ｊ）储酸管内的磷酸需要人工添加，每次测量之前先检查储酸管内的酸是否充足，储酸管内为 5％磷酸。

5.3.2　水样全氮测定

5.3.2.1　总氮—紫外分光光度法

（1）方法原理

过硫酸钾在 60℃以上的水溶液中可分解生成氢离子和氧，加入氢氧化钠可以使过硫酸钾分解完全。在 120℃～124℃的碱性条件下，用过硫酸钾作氧化剂，不仅可将水样中的氨氮和亚硝酸氮氧化为硝酸氮，同时将水样中大部分有机氮化合物氧化为硝酸氮。而后，用紫外分光光度法分别于波长 220 nm 与 275 nm 处测定吸光度，按 $A=A_{220}-2A_{275}$ 计算硝酸氮的吸光度值，从而计算总氮的含量，其摩尔吸光系数为 1.47×10^3 L/（mol·cm）。

（2）仪器设备

紫外分光光度计及 10 mm 石英比色皿；蒸汽压力锅，锅内温度相当于120℃～124℃；25 mL 具塞玻璃磨口比色管。

所用玻璃器皿可以用（1＋9）盐酸溶液或（1＋35）硫酸溶液浸泡，清洗后再用去离子水冲洗数次。

（3）试剂制备

①去离子水。

②碱性过硫酸钾溶液：称取 40 g 过硫酸钾（$K_2S_2O_8$）、15 g 氢氧化钠，溶于去离子水，稀释至 1000 mL。溶液存放于聚乙烯瓶内，最长可贮存一周。

③（1＋9）盐酸溶液。

④（1＋35）硫酸溶液。

⑤氢氧化钠溶液（200 g/L）：称取 20 g 氢氧化钠溶于去离子水，稀释至 100 mL。

158

⑥氢氧化钠溶液（20 g/L）：将 200 g/L 氢氧化钠稀释 10 倍而得。

⑦硝酸钾标准溶液。

a）标准贮存液：称取 0.7218 g 经 105℃～110℃烘干 4 h 的优级纯硝酸钾（KNO₃），溶于去离子水中，移至 1000 mL 容量瓶，定容。此溶液每毫升含 100 μg 硝酸氮，加入 2 mL 三氯甲烷作保护剂，至少可稳定 6 个月。

b）标准使用液：贮存液用去离子水稀释 10 倍而得，使用时配制。此溶液每毫升含 10 μg 硝酸氮。

（4）测定步骤

①标准曲线的绘制。

a）分别吸取 0 mL、0.50 mL、1.00 mL、2.00 mL、3.00 mL、5.00 mL、7.00 mL、8.00 mL 硝酸钾标准使用溶液于 25 mL 比色管中，用去离子水稀释至 10 mL 标线。

b）加入 5 mL 碱性过硫酸钾溶液，用纱布裹紧磨口塞，塞紧磨口塞，以防溅出。

c）将比色管置于蒸汽压力锅，调节温度至 120℃，使比色管在过热水蒸气中加热 0.5 h。

d）待压力蒸气锅自然冷却，开阀放气，移去外盖，取出比色管并冷却至室温。

e）于比色管中加入（1+9）盐酸 1 mL，用去离子水稀释至 25 mL 标线，混匀。

f）在紫外分光光度计上，用 10 mm 石英比色皿分别在波长 220 nm 及 275 nm 处测定吸光度，用校正的吸光度绘制标准曲线。

②样品的测定。

取 10 mL 水样于 25 mL 比色管中。按标准曲线绘制步骤 b 至 f 操作。然后按校正吸光度，在标准曲线上查出相应的总氮量，再用下列公式计算总氮含量。

$$总氮（mg/L）= \frac{m}{V}$$

式中：

m——从标准曲线上查得的含氮量，μg；

V——所取水样体积，mL。

（5）注意事项

①玻璃具塞比色管的管塞须用纱布裹紧后塞紧比色管，保证其密合性良好。经高温高压作用后，管塞会黏合在比色管上，不易拿出，在管塞上裹一圈纱布可以有效避免这种情况发生。

②使用蒸汽压力锅消煮，要等压力指示表归零后方可开阀放气，揭开锅盖。

③使用蒸汽压力锅时，要检查其水位情况，仪器开启后在高水位或低水位时会自动报警，此时需关闭电源，取出样品重新检查核对水位。

5.3.2.2 硝态氮——紫外分光光度法

（1）方法原理

利用硝酸根离子在 220 nm 波长处的吸收而定量测定硝酸氮含量。溶解的有机物在 220 nm 波长处也会有吸收，而硝酸根离子在 275 nm 波长处没有吸收。因此，在 275 nm 波长处做一次测量，以校正硝酸氮值。

（2）仪器设备

紫外分光光度计。

（3）试剂制备

①1 mol/L 盐酸（优级纯）：取 3.1 mL 优级纯盐酸溶于去离子水，移至 100 mL 容量瓶，定容。

②硝酸氮标准贮存液：称取 0.7218 g 经 105℃～110℃烘干 4 h 的优级纯硝酸钾（KNO_3），溶于去离子水，移至 1000 mL 容量瓶，定容。此溶液每毫升含 100 μg 硝酸氮，加入 2 mL 三氯甲

烷作为保护剂，至少可稳定 6 个月。

（4）测定步骤

①标准曲线的绘制。

a）分别吸取 0 mL、0.10 mL、0.20 mL、0.50 mL、1.00 mL、2.00 mL、3.00 mL、4.00 mL 硝酸氮标准贮存液于 8 个100 mL 容量瓶，用新鲜去离子水定容，其浓度分别为 0 mg/L、0.10 mg/L、0.20 mg/L、0.50 mg/L、1.00 mg/L、2.00 mg/L、3.00 mg/L、4.00 mg/L。

b）在紫外分光光度计上，用 10 mm 石英比色皿分别在 220 nm 及 275 nm 波长处，以新鲜去离子水 50 mL 加 1 mL 盐酸溶液为参比，测定吸光度。用校正的吸光度绘制标准曲线。

②样品的测定。

a）取 50 mL 水样于 50 mL 比色管中，加入 1 mL 盐酸溶液。

b）在紫外分光光度计上，用 10 mm 石英比色皿分别在 220 nm 及 275 nm 波长处，以新鲜去离子水 50 mL 加 1 mL 盐酸溶液为参比，测定吸光度。

（5）结果计算

$$A_{校}=A_{220}-2A_{275}$$

式中：

A_{220}——220 nm 波长处测得的吸光度；

A_{275}——275 nm 波长处测得的吸光度。

求得吸光度的校正值以后，从标准曲线中查得相应的硝酸氮量，即为水样测定结果（mg/L）。水样若经稀释后测定，则结果应乘以稀释倍数。

5.3.2.3　氨氮——纳氏试剂光度法

（1）方法原理

因碘化汞和碘化钾的碱性溶液与氨反应会生成淡红棕色胶态

化合物，此颜色在较宽的波长内有强烈吸收，测量通常选择的波长为 410~425 nm。

（2）仪器设备

紫外分光光度计。

（3）试剂制备

①纳氏试剂。

a）称取 16 g 氢氧化钠，溶于 50 mL 去离子水，充分冷却至室温。

b）称取 7 g 碘化钾和 10 g 碘化汞溶于去离子水，然后边搅拌边将此溶液缓慢注入氢氧化钠溶液中，用去离子水稀释至 100 mL，贮存于聚乙烯瓶中，密封保存。

②酒石酸钾钠溶液：称取 50 g 酒石酸钾钠（$KNaC_4H_4O_6 \cdot 4H_2O$）溶于 100 mL 去离子，加热煮沸以除去氨，冷却后定容至 100 mL。

③铵标准储备液：称取 3.819 g 经 100℃ 干燥过的优级纯氯化铵（NH_4Cl），溶于去离子水，移入 1000 mL 容量瓶，定容。此溶液每毫升含 1.00 mg 氨氮。

④铵标准使用溶液：移取 5.00 mL 铵标准储备液于 500 mL 容量瓶，用去离子水稀释至标线。此溶液每毫升含 10 μg 氨氮。

（4）测定步骤

①标准曲线的绘制。

a）吸取 0 mL、0.50 mL、1.00 mL、3.00 mL、5.00 mL、7.00 mL 和 10.00 mL 铵标准使用溶液于 50 mL 比色管中，加水至标线，加 1.0 mL 酒石酸钾钠溶液，混匀，加 1.5 mL 纳氏试剂，混匀。放置 10 min 后，在波长 420 nm 处，用 20 mm 比色皿，以去离子水为参比，测量吸光度。

b）由测得的吸光度减去零浓度空白的吸光度，得到校正吸光度，绘制标准曲线。

②水样的测定。

取 50 mL 水样加入 50 mL 比色管中（使氨氮含量不超过 0.1 mg），加 1.0 mL 酒石酸钾钠溶液，混匀，加 1.5 mL 纳氏试剂，混匀。放置 10 min 后，在波长 420 nm 处，用 20 mm 比色皿，以去离子水为参比，测量吸光度。以去离子水做空白测定。

（5）结果计算

由水样测得的吸光度减去空白试验测得的吸光度后，从标准曲线上查得氨氮含量（mg）。

$$氨氮含量（mg/L）= \frac{m}{V} \times 1000$$

式中：

m——由标准曲线查得的氨氮量，mg；

V——水样体积，mL。

5.3.3 水样全磷测定

5.3.3.1 总磷——钼锑抗分光光度法

（1）水样的预处理——过硫酸钾消解法

①仪器设备：蒸汽压力锅，50 mL 具塞比色管。

②试剂制备：5%过硫酸钾溶液。溶解 5 g 过硫酸钾于去离子水，并稀释至 100 mL。

③测定步骤：取 25 mL 水样于 50 mL 具塞比色管中，加 5%过硫酸钾溶液 4 mL，管塞用纱布裹紧后塞紧，置于蒸汽压力锅中消煮。在 120℃下加热 30 min。待压力表指针降至零后开阀放气，取出放冷，备用。空白对照和标准溶液也做同样处理。

（2）钼锑抗分光光度法

①方法原理：在酸性条件下，正磷酸盐与钼酸铵、酒石酸锑钾反应，生成磷钼杂多酸，被还原剂抗坏血酸还原，则变成蓝色络合物，通常称磷钼蓝。

②仪器设备：紫外分光光度计（TU-1901）。

③试剂制备。

a）（1+1）硫酸。

b）10%抗坏血酸溶液：溶解 10 g 抗坏血酸（$C_6H_8O_6$）于去离子水，并稀释至 100 mL。该溶液贮存在棕色玻璃瓶中，在约 4℃条件下可稳定几周。如颜色变黄，必须重配。

c）钼酸盐溶液：溶解 13 g 钼酸铵〔（NH_4）$_6Mo_7O_{24}\cdot4H_2O$〕于 100 mL 去离子水。溶解 0.35 g 酒石酸锑钾（$KSbC_4H_2O_6\cdot1/2H_2O$）于 100 mL 去离子水。

在不断搅拌下，将钼酸铵溶液缓慢加入 300 mL（1+1）硫酸中，加酒石酸锑钾溶液并且混合均匀，贮存在棕色的玻璃瓶中，于 4℃条件下保存，至少可稳定两个月。

d）磷酸盐贮备溶液：将优级纯磷酸二氢钾（KH_2PO_4）于 110℃干燥 2 h，放冷后取出，称取 0.2197 g 溶于去离子水，移入 1000 mL 容量瓶。加（1+1）硫酸 5 mL，用去离子水稀释至标线，此溶液每毫升含 50 μg 磷。本溶液在玻璃瓶中可贮存至少 6 个月。

e）磷酸盐标准溶液：吸取 10.00 mL 磷酸盐贮备溶液于 250 mL 容量瓶中，用去离子水定容。此溶液每毫升含 2.00 μg 磷，现配现用。

④测定步骤。

a）标准曲线的绘制。

取 7 支 50 mL 具塞比色管，分别加入磷酸盐标准溶液 0 mL、0.50 mL、1.00 mL、3.00 mL、5.00 mL、10.00 mL、15.00 mL，加去离子水至 50 mL。

显色：向比色管中加入 1 mL 10%抗坏血酸溶液，混匀。30 s 后加 2 mL 钼酸盐溶液充分混匀，放置 15 min。

测量：用 10 mm 比色皿于 700 nm 波长处，以 0 mL 溶液为参比，测量吸光度。

b）样品测定。

将消解后的样品加去离子水稀释至标线。按绘制标准曲线的步骤进行显色和测量。减去空白试验的吸光度，并从标准曲线上查出含磷量。

⑤结果计算。

$$磷酸盐（mg/L）= \frac{m}{V}$$

式中：

m——由标准曲线查得的磷量，μg；

V——水样体积，mL。

磷酸根的测定同总磷的测定。

5.4　水样金属元素测定

5.4.1　可溶性元素的测定——电感耦合等离子体发射光谱法

（1）方法原理

将经过 $0.45\ \mu m$ 滤膜过滤后的水样注入电感耦合等离子体发射光谱仪后，目标元素在等离子体火炬中被气化、电离、激发并辐射出特征谱线，在一定浓度范围内，其特征谱线的强度与元素的浓度成正比。

（2）仪器设备

电感耦合等离子体发射光谱仪。

（3）试剂

硝酸（优级纯）；多元素（Al、Ca、Cd、Cr、Cu、Fe、K、

Mg、Mn、Na、Pb、Zn）标准溶液：1000 $\mu g/mL$。

（4）样品预处理

采集样品后，通过 0.45 μm 滤膜过滤，收集所需体积的滤液，加入适量优级纯硝酸，使硝酸含量达到 1%。

（5）测定步骤

①标准曲线的绘制。

a）取 1 mL 多元素标准溶液溶于去离子水，移至 1000 mL 容量瓶，定容，得到 1 mg/L 多元素标准溶液使用液。

b）分别取 0 mL、0.5 mL、1.0 mL、2.0 mL、3.0 mL、5.0 mL、10.0 mL、20.0 mL、30.0 mL、50.0 mL 多元素标准溶液使用液于 10 个 100 mL 容量瓶，加去离子水定容，其浓度分别为 0 mg/L、0.005 mg/L、0.010 mg/L、0.020 mg/L、0.030 mg/L、0.050 mg/L、0.100 mg/L、0.200 mg/L、0.300 mg/L、0.500 mg/L。

c）在电感耦合等离子体发射光谱仪上进行测量，建立目标元素的标准曲线。

②样品测定。

a）在与建立标准曲线相同的条件下，测定处理后的试样的发射强度，在标准曲线上查得目标元素含量。

b）空白样品的测定与试样相同。

（6）结果计算

样品中元素含量：

$$\rho = (\rho_1 - \rho_2) \times f$$

式中：

ρ——样品中目标元素的质量浓度，mg/L；

ρ_1——试样中目标元素的质量浓度，mg/L；

ρ_2——空白试样中目标元素的质量浓度，mg/L；

f——稀释倍数。

5.4.2　金属元素总量的测定

5.4.2.1　金属元素总量的消解——微波消解法

（1）方法原理

微波消解是结合高压消解和微波快速加热的一项预处理技术。水样和酸的混合物吸收微波能量后，酸的氧化反应活性增加，会将样品中的金属元素释放到溶液。

（2）试剂

硝酸：优级纯；（1+1）硝酸：优级纯。

（3）测定步骤

①将所有实验器皿，包括消解罐、漏斗、容量瓶等，放置在（1+1）硝酸中浸泡过夜，使用前再依次用自来水、去离子水洗净，自然风干。

②量取 5 mL 水样于消解罐，加入 5 mL 硝酸，置于通风橱中静置过夜。上机消解前加盖旋紧，放入微波消解仪中，按照仪器推荐的升温程序进行消解。

③"COOL DOWN"程序运行完毕后取出消解罐置于通风橱内冷却大约 30 min，待罐内温度与室温平衡后，放气开盖，将罐内消解液移入 50 mL 容量瓶，用去离子水冲洗消解罐内壁多次并转入容量瓶，定容。

④将定容后的待测液过滤至事先清洗干净的聚乙烯瓶中备用。

⑤空白实验：用去离子水，按上述步骤与样品同步进行消解。

（4）注意事项

①每次消解完成后，消解罐要先用大量自来水冲洗，再用去离子水润洗，自然风干后加入 9 mL 硝酸，进行清洗程序。清洗程序结束，再按上述步骤冲洗、润洗、风干才能进行下一次消解。

②消解罐各部件必须处于干燥且无污染的状态，以防罐体局部吸收微波后温度过高，损坏罐体。

③严格确认压力弹片已经安装且安装正确。严格确认消解罐完全嵌入转盘。

④消解罐不能用刷子清洗，不能用超声波清洗。

5.4.2.2　金属元素总量的测定

（1）方法选择

同时测定多元素总量时，推荐选择电感耦合等离子体发射光谱法。

测定单一元素总量时，推荐选择火焰原子吸收分光光度法。

（2）测定多元素总量

样品经过前处理后的测定方法同 5.4.1 可溶性元素的测定——电感耦合等离子体发射光谱法的方法。

（3）测定单一元素总量

①仪器设备：火焰原子吸收分光光度计；相应元素（K、Na、Ca、Mg、Mn、Zn、Cr、Ni、Pb、Cd）的空心阴极灯。

②试剂设备：相应元素的标准溶液（1000 μg/mL）。

③标准曲线的绘制。

a）取 1 mL 相应元素标准溶液移至 1000 mL 容量瓶，用去离子水定容，得到 1 mg/L 多元素标准溶液使用液。

b）分别加入 0 mL、0.5 mL、1.0 mL、2.0 mL、3.0 mL、5.0 mL、10.0 mL、20.0 mL、30.0 mL、50.0 mL 相应元素标准溶液使用液于 10 个 100 mL 容量瓶，加去离子水定容，其浓度分别为 0 mg/L、0.005 mg/L、0.010 mg/L、0.020 mg/L、0.030 mg/L、0.050 mg/L、0.100 mg/L、0.200 mg/L、0.300 mg/L、0.500 mg/L。

c）在火焰原子吸收分光光度计上进行测量，建立目标元素的标准曲线。

④样品测定：与标准曲线的测定方法一致，在标准曲线上查得目标元素含量，空白样品的测定与试样相同。

⑤结果计算。样品中元素含量：

$$\rho = （\rho_1 - \rho_2）\times f$$

式中：

ρ——样品中目标元素的质量浓度，mg/L；

ρ_1——试样中目标元素的质量浓度，mg/L；

ρ_2——空白试样中目标元素的质量浓度，mg/L；

f——稀释倍数。

⑥注意事项。

a）使用仪器前先检查助燃气体是否充足，乙炔瓶内气压低于 0.5 MPa 时就要进行更换，否则会造成气路堵塞，不能点火。关闭仪器时应拧紧乙炔瓶主阀，拧松出气阀，使压力表上的数值归零。

b）每次使用后要注意观察空气增压机润滑油的液面高度是否在两红线之间，太低时要更换空气增压机润滑油。

c）处理样品后要进行过滤，否则很容易使雾化器进样毛细管堵塞。毛细管堵塞后仪器灵敏度会大幅下降，此时要用专用的钢丝疏通。若无大的改善，需在关掉乙炔的情况下，将雾化器卸出清理。

d）要注意检查点火口电极上有无积碳，如有积碳要刮除，积碳太多可能造成短路。注意检查雾化器火焰燃烧是否均匀，如火焰燃烧不均匀，关闭火焰后用硬纸卡片清洁燃烧口。

e）元素灯要在关机状态下更换，并确认插入灯座。

f）提示废液罐液面较低时，向废液罐内加入少许蒸馏水即可。

g）关闭空压机气泵时需将红色按钮按下，并将绿色阀门拧至垂直。

5.5 水样微生物测定

5.5.1 水体初级生产力测定

"黑白瓶"：容量在 250~300 mL 之间，校准至 1 mL，可使用具塞、完全透明的温克勒瓶或其他适合的细口玻璃瓶，瓶肩最好是直的。每个瓶和瓶塞要有相同的编号。用称量法来测定每个细口瓶的体积。玻璃瓶用酸洗液浸泡 6 h 后，用蒸馏水清洗干净。黑瓶可用黑布包裹或用黑漆涂在瓶外进行遮光，使之完全不透光。

（1）水样采集与挂瓶深度确定

采集水样之前先用照度计测定水体透光深度，如果没有照度计可用透明度盘测定水体透光深度。水样采集与挂瓶深度确定在表面照度 1%~100% 之间，可按照表面照度的 100%、50%、25%、10%、1%选择水样采集与挂瓶的深度和分层。浅水湖泊（水深≤3 m）可按 0 m、0.5 m、1.0 m、2.0 m、3.0 m 的深度分层。

①水样采集：根据确定的水样采集的分层和深度，采集不同深度的水样。每次采水的同时用虹吸管（或采水器下部出水管）注满三个试验瓶，即一个白瓶、一个黑瓶、一个初始瓶。每个试验瓶注满后先溢出三倍体积的水，以保证所有试验瓶中的溶解氧与采样器中的溶解氧完全一致。灌瓶完毕后，将瓶盖盖好，立即对初始瓶进行氧的固定，测定其溶解氧，该瓶溶解氧为"初始溶解氧"。

②挂瓶与曝光：将灌满水的白瓶和黑瓶悬挂在原采水处，曝光培养 24 h。挂瓶深度和分层应与采水深度和分层完全相同。

各水层所挂的黑瓶、白瓶以及初始瓶应统一编号，做好记录。

（2）溶解氧的固定与分析

曝光结束后，取出黑瓶和白瓶，立即加入 1 mL 硫酸锰溶液和 2 mL 碱性碘化钾溶液，使用细尖的移液管将试剂加到液面下方，小心盖上塞子，避免带入空气。将实验瓶颠倒转动数次，使瓶内成分充分混合，然后将实验瓶送至实验室，测定溶解氧。初始瓶的溶解氧固定和室内测定方法相同，均依照《水质 溶解氧的测定 碘量法》（GB 7489—87）方法执行。有条件时，也可依据《水质 溶解氧的测定 电化学探头法》（GB 11913—89）进行现场测定（利用 YSI Professional Plus 便携式水质仪测定瓶中氧含量）。

①计算方法。

$$总生产力＝白瓶溶解氧－黑瓶溶解氧$$

$$净生产力＝白瓶溶解氧－初始瓶溶解氧$$

$$呼吸作用量＝初始瓶溶解氧－黑瓶溶解氧$$

每平方米水柱日生产力 $[g(O_2)/(m^2 \cdot d)]$ 可用算术平均值累计法计算。

②注意事项。

a）在有机质含量较高的湖泊、水库，可采用 2~4 h 挂瓶一次、连续测定的方法，以免由于溶解氧过低而使净生产力出现负值。

b）光合作用很强时将导致氧的过饱和，在瓶中产生大量的气泡，应将瓶略微倾斜，小心打开瓶塞，加入固定剂，再盖上瓶盖充分摇匀，使氧气固定下来。

c）测定时应同时记录当天的水温、水深、透明度，并描述水草的分布情况。

d）尽可能同时测定水中主要营养盐，特别是总磷和总氮。

e）对于较大的湖泊和水库，因船只、风浪、气候等因素的

171

影响，24 h 曝光试验的耗资耗力较大，可采用模拟现场法。模拟现场法的采样、布设曝光方法同现场法。布设曝光地点可选择在离水岸较近的水域。选择模拟现场法主要是为了保证安全及实施方便，但要尽可能考虑模拟地点和现场法的水深、光照、温度等因素一致。

5.5.2　水体浮游植物测定

（1）水体浮游植物样品的采集

定量样品在定性采样之前用采水器采集，每个采样点取水样 1 L，贫营养型水体应酌情增加采水量。泥沙多时，需先在容器内沉淀后再取样。分层采样时，将各层水样等量混匀后再取水样 1 L。大型浮游植物定性样品用 25 号浮游生物网在表层缓慢拖曳采集，注意网口与水面垂直，网口上端不要露出水面。

（2）水体浮游植物样品的固定

浮游植物样品立即用鲁哥氏液固定，用量为水样体积的 1%～1.5%。如样品需较长时间保存，则需加入 37%～40%甲醛溶液，用量为水样体积的 4%。

（3）水体浮游植物样品的沉淀和浓缩

将固定后的浮游植物水样摇匀，倒入固定在架子上的 1 L 沉淀器中，2 h 后将沉淀器轻轻旋转，使沉淀器壁上尽量少附着浮游植物，再静置 24 h。充分沉淀后，用虹吸管慢慢吸去上清液。虹吸时管口要始终低于水面，流速、流量不能太大，沉淀和虹吸的过程中不可摇动沉淀器，如搅动了底部应重新沉淀。吸至澄清的体积仅剩 1/3 时，应逐渐减缓流速，至留下含沉淀物的水样体积为 20～25（或 30～40）mL，放入 30（或 50）mL 的定量样品瓶。用少量吸出的上清液冲洗沉淀器 2～3 次，一并放入样品瓶，定容到 30（或 50）mL。如样品的水量超过 30（或 50）mL，可静置 24 h 后，或在计数前再吸去超过定容刻度的余水量。浓缩后的水量多少要视浮游植物浓度大小而定。正常情况下可用透明度作参考，依透明度确定水样浓缩体积，见表5-1。浓缩标准以每个视野里有十几个藻类为宜。

表5-1 依透明度确定水样浓缩体积

透明度（cm）	1 L水样浓缩后的体积（mL）
＞100	30~50
50~100	50~100
30~50	100~500
20~30	500~1000（不浓缩）
＜20	＞1000（稀释）

（4）种类鉴定

优势种类应鉴定到种，其他种类至少鉴定到属。

参考书目：《中国常见淡水浮游藻类图谱》《淡水微型生物与底栖动物图谱》。

（5）计数

显微镜照相后统一进行计数与鉴定。

①计数框行格法：计数前需先核准浓缩沉淀后定量瓶中水样的实际体积，可加纯水使其成30 mL、50 mL、100 mL等整量。然后将定量样品充分摇匀，迅速吸出0.1 mL置0.1 mL计数框内（面积20 mm×20 mm）。盖上盖玻片后，在高倍镜下选择3~5行逐行计数，数量少时可全片计数。

1 L水样中的浮游植物个数（密度）可用下列公式计算：

$$N = \frac{N_0}{N_1} \times \frac{V_1}{V_0} \times P_n$$

式中：

N——1 L水样中浮游生物的数量；

N_0——计数框总格数；

N_1——计数过的方格数；

V_1——1 L 水样经浓缩后的体积，mL；

V_0——计数框容积，mL；

P_n——计数的浮游植物个数。

②目镜视野法：首先应用台微尺测量所用显微镜在一定放大倍数下的视野直径，计算出面积。计数的视野应均匀分布在计数框内，每片计数视野数可按浮游植物的多少酌情增减，一般为 50~300 个。依浮游植物数确定计算视野数见表 5-2。

表 5-2　依浮游植物数确定计算视野数

浮游植物平均数（个/视野）	视野数（个）
1~2	300
3~5	200
6~10	100
>10	50

1 L 水样中浮游植物的个数（密度）可用下列公式计算：

$$N = \frac{C_s}{F_s \times F_n} \times \frac{V}{V_0} \times P_n$$

式中：

N——1 L 水样中浮游生物的数量；

C_s——计数框面积，mm^2；

F_s——视野面积，mm^2；

F_n——每片计数过的视野数；

V——1 L 水样经浓缩后的体积，mL；

V_0——计数框容积，mL；

P_n——计数的浮游植物个数。

（6）生物量的测定

浮游植物的比重接近 1，可直接将体积换算成重量（湿重）。体积的测定应根据浮游植物的体型，按最近似的几何形状测量必要的长度、高度、直径等，每一个种类至少随机测定 50 个，求出平均值，代入相应公式计算出体积。此平均值乘上 1 L 水中该种藻类的数量，即得到 1 L 水中这种藻类的生物量，所有藻类生物量的和即为 1 L 水中浮游植物的生物量，单位为 mg/L 或 g/m³。

种类形状不规则的可分割为几个部分，分别按相似图形公式计算后相加。量大或体积大的种类，应尽量实测体积并计算平均重量。微型种类只鉴别到门，按大、中、小三级的平均质量计算。极小的（$<5~\mu m$）为 0.0001 mg/10^4 个；中等的（$5\sim10~\mu m$）为 0.002 mg/10^4 个；较大的（$10\sim20~\mu m$）为 0.005 mg/10^4 个。

（7）浮游植物调查试剂与仪器

①鲁哥氏液：称取 6 g 碘化钾溶于 20 mL 蒸馏水，待完全溶解后，加入 4 g 碘，摇动至碘完全溶解，加蒸馏水定容到 100 mL，贮存于磨口棕色试剂瓶。

②采水器：水深小于 10 m 的水体可用玻璃瓶采水器，深水必须用颠倒式采水器或有机玻璃采水器，规格为 1000 mL。

③浮游生物网：圆锥形，用 0.064 mm 筛绢缝制成。

④水样瓶：规格为 1000 mL。

⑤样品瓶：定量样品瓶采用带刻度的 30 mL 或 50 mL 玻璃试剂瓶。定性样品瓶采用 30~50 mL 玻璃试剂瓶或聚乙烯瓶。

⑥沉淀器：1000 mL 圆筒形玻璃沉淀器或 1000 mL 分液漏斗。

⑦乳胶管或 U 形玻璃管：内径 2 mm。

⑧洗耳球。

⑨刻度吸管：规格为 0.1 mL、1.0 mL。

⑩计数框：0.1 mL（10 行×10 行，共 100 格）。

⑪盖玻片。

参考资料

[1] 中华人民共和国建设部. 城市污水处理厂污泥检验方法：CJ/T 221—2005 [S]，2005.

[2] 国家环境保护总局，《水和废水监测分析方法》编委会. 水和废水监测分析方法 [M]. 4 版. 北京：中国环境科学出版社，2002.

[3] 湖南省质量技术监督局. 淡水生物调查技术规范：DB43/T 432—2009 [S]，2009.

[4] 国家环境保护局. 水质 溶解氧的测定 碘量法：GB 7489—87 [S]，1987.

[5] 环境保护部. 水质 溶解氧的测定 电化学探头法：HJ 506-2009 [S]，2009.

[6] 中华人民共和国水利部. 水质 初级生产力测定——"黑白瓶"测氧法：SL354—2006 [S]，2007.

6 植物样品相关指标测定

6.1 植物样品采集与处理

6.1.1 植物样品的采集

采集植物样品首先要选定植株，植株必须有充分的代表性，通常也像采集土样一样按照一定路线多点采集，组成平均样品。组成每一平均样品的样株数目视作物种种类、种植密度、株型大小、株龄或生育期以及要求的准确度而定。从试验区选择样株要注意群体密度、植株长相、长势、生育期的一致，过大或过小、遭受病虫害或机械损伤以及由于边际效应长势过强的植株都不应采用。

植株选定后还要决定取样的部位和组织器官，所选部位的组织器官要具有最大的指示意义。也就是说，应选择植株中对该养分的丰歉最敏感的组织器官。果树和林木多年生植物的营养诊断通常采用"叶分析"或不带叶柄的"叶片分析"。

植物体内各种物质，特别是活动性成分如硝态氮、氨态氮、还原糖等都处于不断的代谢变化之中，不仅在不同生育期的含量有很大的差别，并且在一日之间也有显著的周期性变化。因此在分期采样时，取样时间应一致，通常以上午 8 时至 10 时为宜，因为这时植物的生理活动已趋活跃，地下部分的根系吸收速率与地上部分正趋于上升的光合作用强度接近动态平衡。此时植物组织中的养料贮量最能反映根系养料吸收与植物同化需要的相对关系，因此最具有营养诊断的意义。

采得的植株样品如需要分不同器官（例如叶片、叶鞘或叶柄、茎、果实等部分）测定，须立即将其剪开，以免养分运转。

6.1.2　植物样品的保存与制备

采得的样品一般来说是需要洗涤的，因为可能会有泥土、肥料、农药等的污染，一般可用湿布仔细擦净表面污物。

（1）植物样品的保存

测定易起变化的成分（例如硝态氮、氨态氮、氰、无机磷、水溶性糖、维生素等）须用新鲜样品，新鲜样品如需短期保存，必须在冰箱中冷藏，以抑制其变化。分析时将洗净的新鲜植物样品剪碎混匀后立即称重，放入瓷研钵中与适当溶剂（或再加石英砂）共同研磨，进行浸提测定。

测定不易变化的成分则常用干燥样品。洗净的新鲜样品必须尽快干燥，以减少化学和生物学变化。如果延迟过久，细胞的呼吸作用和霉菌的分解作用都会消耗组织的干物质而改变各成分的百分含量，蛋白质也会裂解成较简单的含氮化合物。杀酶要有足够的高温，但烘干的温度不能太高，以防止组织外部结成干壳而阻碍内部水分的蒸发，而且高温还可能引起组织的热分解或焦化。因此，分析用的植物新鲜样品要分两步干燥，通常先将新鲜样品置于 80℃～90℃烘箱（最好用鼓风烘箱）中烘 15～30 min，（松软组织烘 15 min，致密坚实的组织烘 30 min），然后，降温至 60℃～70℃，逐尽水分，时间须视新鲜样品水分含量而定，一般为 12～24 h。

（2）植物样品的制备

干燥的样品可用研钵、带刀片的（用于茎叶样品）或带齿状的（用于种子样品）磨样机粉碎，并全部过筛。分析样品的细度须视称样的大小而定，通常可用圆孔直径为 1 mm 的筛；如称样仅 1~2 g，宜用 0.5 mm 的筛；称样小于 1 g，须用 0.25 mm 或 0.1 mm 筛。磨样和过筛都必须考虑到样品被污染的可能性。样品过筛后须充分混匀，保存于磨口广口瓶，内外各贴放样品标签。

样品在粉碎和贮存过程中又将吸收一些空气中的水分，所以在精密分析工作中，称样前还须将粉状样品置于 65℃（12~24 h）或 90℃（2 h）条件下再次烘干，一般常规分析则不必。干燥的磨细样品必须保存在密封的玻璃瓶中，称样时应充分混匀后多点匀取。

6.2　植物水分的测定

6.2.1　风干植物样品水分的测定

（1）方法原理

风干的植物组织样品或种子样品的水分常用 100℃~105℃烘干法测定。烘干时样品的失重被认为是水分的重量，所以这是一种间接测定水分的方法。样品在高温烘烤时可能有部分焦化、分解或挥发，导致水分测定出现误差，也可能因水分未完全逐尽，在冷却、称量时吸湿或有部分油脂等被氧化增重而造成误差。

（2）测定步骤

取洁净铝盒，放入 100℃~105℃烘箱中烘半小时。取出，盖好，移入干燥器中冷至室温（约 20 min），称重。再烘半小时，称重，两次称重结果差不超过 1 mg 就算已达恒重。将约 3.000 g 粉碎、混匀的风干植物样品平铺在铝盒中，称量后将盖子放在盒底下，放在已预热至约 115℃ 的烘箱中，随即调整烘箱温度至 100℃~105℃，烘烤 4~5 h，取出，盖好，移入干燥器中冷却至室温后称量。同法烘烤约 2 h，再称重量，此时可先将砝码放好，因为重量之差一般只有几毫克。如此继续烘称，直到前后两次重量之差不超过 2 mg 为止。如果后一次重量大于前次，则以前一次重量为准。

（3）结果计算

$$水分(\%)(风干基) = \frac{样品烘烤前后重量之差}{风干样品重量} \times 100\%$$

$$干物质(\%)(风干基) = \frac{样品烘烤后的重量}{风干样品重量} \times 100\%$$

6.2.2 新鲜植物样品水分的测定

（1）方法原理

新鲜植物样品不宜直接在 100℃ 烘烤，因为高温时外部组织可能形成干壳，反而阻碍内部组织中水分的逸出，因此须在较低温度下初步烘干，再升温至 100℃~105℃ 烘干。此法只适于热稳定性高、不含易热解和易挥发成分的样品。如果是幼嫩植物组织和含糖、干性油或挥发性油的样品，都不宜用此法。

（2）测定步骤

取一小烧杯，放入约 5.000 g 干净的纯砂和一支玻棒，放入 100℃~105℃ 烘箱中烘至恒重。向杯中加入剪碎、混匀的多汁新鲜样品约 5 g，与砂搅匀后称重，将杯和内容物先在 50℃~60℃（不鼓风）下烘 3~4 h，冷却，称重。再同法烘约 2 h，再称重量，至恒重为止。

（3）结果计算

$$水分（\%）（鲜湿基）=\frac{称样前后重量之差}{新鲜样品重量}\times 100\%$$

$$干物质（\%）（鲜湿基）=\frac{称样烘烤后的重量}{新鲜样品重量}\times 100\%$$

（4）注意事项

①水分不是很多的松散的新鲜样品可以不加砂和玻棒，或改用铝盒称样。

②粗粒的新鲜样品应多称些，以提高称样的代表性。

6.3　植物灰分中的常量元素分析

（1）方法原理

灰分元素是植物体的组成元素，用特殊的试剂与灰分进行专一性反应，根据颜色变化及其产生的结晶形状可定性分析植物灰分中的常量元素。

（2）仪器设备

高温电炉，坩埚，烘箱，台秤，显微镜，载玻片，盖玻片，白瓷比色板，表面皿。

（3）试剂制备

①5%磷酸二氢钾（KH_2PO_4）；5%磷酸氢二钾（K_2HPO_4）；5%硫酸镁（$MgSO_4$）；5%硫酸钾（K_2SO_4）；5%硫氰化钾（KSCN）；5%氯化钙（$CaCl_2$）；15%过氯酸（$HClO_4$）；10%盐酸（HCl）；10%氯化钡（$BaCl_2$）；50%硫酸。

②镁试剂（现用现配）：取 5 g Na_3PO_4 及 30 g NH_4Cl 溶于 50 mL 蒸馏水，加入 20 mL 浓 NH_4OH，然后定容至 100 mL。

③钼酸铵试剂：取 7 g 钼酸铵溶于 50 mL 蒸馏水，加入

50 mL 浓 HNO_3，放置过夜，取上清液备用（溶液有腐蚀性）。

④二苯胺－硫酸试剂（现用现配）：取 1 g 二苯胺溶于 100 mL 浓 H_2SO_4（溶液有腐蚀性）。

（4）测定步骤

①材料灰化：取 50 g 新鲜样品，洗净后放入坩埚，先置于 105℃烘箱中烘干，然后于高温（550℃）电炉上灰化 2 h（需要时称干重和灰重，求出干重百分含量和灰重百分含量）。

②检定：将 1 g 灰分溶解于 4 mL 10% 盐酸溶液，然后做如下的检定。

氮：加 5 滴灰分溶液于白瓷比色板，加 1 滴 1% 二苯胺－硫酸试剂，观察是否有蓝色物质的生成，有则表明有硝酸盐存在。

磷：加 1 滴 5% KH_2PO_4 溶液于干燥清洁的载玻片，再加 1 滴钼酸铵试剂，几分钟后在显微镜下观察结晶（磷钼酸铵）的颜色和形状。用 1 滴灰分溶液做同样试验，并观察结果。

钾：加 1 滴 5% K_2HPO_4 溶液于干燥清洁的载玻片，并在其旁边滴 1 滴过氯酸溶液，小心地将它们逐渐混合，置显微镜下观察结晶（$KClO_4$）的颜色与形状。用 1 滴灰分溶液做同样试验，并观察结果。

镁：将 1 滴 5% $MgSO_4$ 溶液和 1 滴镁试剂混合，镜检结晶（磷酸铵镁）的颜色与形状。用灰分溶液做同样试验，并观察结果。

硫：将 1 滴 5% K_2SO_4 溶液和 1 滴 10% $BaCl_2$ 溶液在载玻片上混合，镜检结晶（$BaSO_4$）的颜色与形状。用灰分溶液做同样试验，并观察结果。

钙：将 1 滴 50% H_2SO_4 溶液和 1 滴 5% $CaCl_2$ 溶液在载玻片上混合，镜检结晶（$CaSO_4$）的颜色与形状。用灰分溶液做同样试验，并观察结果。

铁：在白瓷比色板上加 5 滴灰分溶液和 3 滴 5% KSCN 溶

液，混合后有红色物质形成则表示有铁的存在。

6.4 植物激素提取

（1）仪器设备

减压旋转浓缩器、真空泵、离心机、pH 计、研钵、分液漏斗（萃取）、用于滤纸过滤的玻璃器皿（过滤可以用离心机来代替）、圆底烧瓶（接旋转蒸发仪接口）、容量瓶。

（2）试剂

液氮、甲醇（色谱纯）、石油醚、NaOH 溶液、不溶性聚乙烯吡咯烷酮（PVP）、HCl 溶液、乙酸乙酯溶液、醋酸溶液、醋酸缓冲液、激动素（Kinetin）、赤霉素（GA）、脱落酸（ABA）、吲哚乙酸（IAA）。

（3）提取步骤

①研磨：取 0.5 g 实验材料，放入预先冷却的研钵中，液氮研磨（尽量将其研磨完全，以保证提取过程的高回收率），加入预冷的体积分数为 80％的甲醇 15 mL，甲醇与样品的比例一般是（10∶1）。

②浸提：放入 4℃冰箱中浸提 13 h（浸提时为了防止甲醇挥发，可以在器皿上加盖一层保鲜膜），并不断搅拌，随后在 4℃下 6500 r/min 离心 10 min，倒出上清液，重复 2 次，合并上清液（数据表明 2 次离心回收率只有 89％，经 3 次离心才达 97％，为了充分提取 IAA 等激素，离心 3 次是必要的）。

注：此过程时间要求不是太严格，但是尽量要长，可以过夜，主要目的在于保证实验材料提取完全，并且尽量减少滤纸上的滤液损耗。

③浓缩：将滤液置于旋转蒸发仪，于 40℃～45℃蒸发至原

体积的 1/3（38℃下减压浓缩至水相）。

④石油醚萃取：用石油醚等体积萃取 2 次，丢弃石油醚相，保留水相，此过程是为了去除提取液中的叶绿素、脂类物质及残留的甲醇（一般萃取 3 次，每次静置半小时，实际操作要根据不同情况来定，只要得到澄清溶液即可）。

⑤调节 pH：用 0.1 mol/L NaOH 溶液调 pH 至 8.0，加不溶性 PVP（大约 0.4 g，用量为初始样品用量的 0.2 倍，搅拌 20 min 后抽滤），振摇 15～30 min 后，抽滤弃去 PVP，重复 3 次。

⑥乙酸乙酯萃取：用 1 mol/L 醋酸溶液调 pH 至 3.0 后，用等体积乙酸乙酯溶液萃取 2～3 次，取酯相（这两步实验操作中，pH 的调节很重要）。

⑦于 40℃～45℃旋转蒸发仪上将酯相蒸干（合并乙酸乙酯相在 38℃下减压浓缩），用流动相溶解残留物，得到样液。

⑧经 0.45 μm 微孔滤膜过滤后，进样检测。

（4）时间安排

①第一天：下午 4 点半左右称取样品，研磨，在 4℃下浸提，过夜。

②第二天：早上 9 点在 4℃下 6500 r/min 离心 10 min，倒出上清液，重复 2 次，合并上清液。

（5）注意事项

①C18 色谱柱使用前用 5 mL 甲醇疏松，再用 15 mL pH 为 3.5 的 0.02 mol/L 醋酸缓冲液平衡，然后样品过柱，再用 15 mL 上缓冲液洗涤柱子，最后用 40% 乙腈洗脱收集。过柱的流速均为 0.5 mL/min。

②提取后得到四种激素，分别是脱落酸、吲哚乙酸、赤霉素、激动素。一般当天下午将样品浸提上，晚上过滤 1 次，第二天早上再过滤。操作熟练以后，滤液当天一般就可以纯化完，尽

量不要拖太久，因为部分物质容易分解。

③流动相的选择：之前研究多采用甲醇－水－醋酸、乙腈－水－醋酸或乙腈－甲醇－水－醋酸体系作为流动相，考虑到乙腈本身的毒性较大且价格较昂贵，本实验采用甲醇－水－醋酸体系作为流动相，甲醇溶液体积分数为 50％且该溶液 pH 值为 3。

④实验用水均为二次蒸馏水，石油醚（30℃～60℃）为优级纯，乙腈为色谱纯，其他试剂均为分析纯。因此，宜采取先酸化、后碱化的溶剂萃取程序。

6.5　植物生理生化指标测定

（1）仪器设备

冰箱、高速冷冻离心机、分光光度计、试管、研钵、小烧杯、容量瓶、量筒、电子天平、水浴锅、漏斗、滤纸、剪刀、液氮罐、铝箔、移液器。

（2）部分试剂制备

①Tris－HCl 缓冲液（100mmol/L，pH 8.0）：将 121 g 的 Tris 碱溶解于约 0.9 L 的蒸馏水中，25℃下加 46 mL 的浓盐酸（11.6 mol/L），用蒸馏水调整终体积至 1000 mL。

②EDTA（10 mmol/L）：称量 0.38g EDTA，溶于 40mL 蒸馏水，稀释至 100mL。

③KCl（50 mmol/L）：称取 2.38 克 KCl，溶于 50mL 蒸馏水，稀释定容至 1000mL。

④$MgCl_2$（20 mmol/L）：称取 1.90 克 $MgCl_2$,溶于 50mL 蒸馏水，稀释定容至 1000mL。

⑤PMSF（0.5 mmol/L）、溶解 174mg 的 PMSF 于足量的异丙醇中，定容到 2000 mL。注意：PMSF 严重损害呼吸道黏

膜、眼睛及皮肤，吸入、吞进或通过皮肤吸收后有致命危险。一旦眼睛或皮肤接触了 PMSF，应立即用大量水冲洗。凡被 PMSF 污染的衣物应予丢弃。PMSF 在水溶液中不稳定，应在使用前从贮存液中取出，加于裂解缓冲液中。

⑥DTT（1 mmol/L）：量取 1 mL 1 mol/L DTT 溶液，用蒸馏水稀释定容到 1000mL.

⑦0.1%（V/V）Triton X-100：取 1 mL Triton X-100 加入 1 L 蒸馏水（非离子性去垢剂，对人体有害请穿实验服并戴一次性手套操作）。

⑧10%（w/w）PVP。

⑨$NaH_2PO_4 \cdot H_2O$ 贮存液：溶解 138 g 磷酸二氢钠于足量蒸馏水中，定容至体积 1000mL。

⑩Na_2HPO_4 贮存液（1 mol/L）：溶解 142 g 磷酸氢二钠于足量蒸馏水中，定容至体积 1 L。

⑪$Na_2HPO_4-NaH_2PO_4$ 缓冲液（50mmol/L，pH 7.0）：混合 390 mL 1 mol/L 的磷酸二氢钠（单碱）和 610 mL 1 mol/L 磷酸氢二钠（双碱）贮存液，获得 pH 值为 7.0 的磷酸缓冲液。

⑫10%三氯乙酸：先配 100%三氯乙酸（TCA），在装有 500 g TCA 的试剂瓶中加入 100 mL 水，用磁力搅拌器搅拌直至完全溶解，临用前再稀释（稀释液应在临用前配制）。

⑬0.6%硫代巴妥酸（TBA，用 10%三氯乙酸配制）：称取硫代巴比妥酸 0.6 g 溶于 10% TCA，并用 TCA 定容至 l00 mL。

⑭牛血清白蛋白：配成 100 μg/mL。称取 10 g 牛血清白蛋白加蒸馏水溶解，用蒸馏水定容至 100 mL。

⑮90%乙醇：在 90 mL 无水乙醇中加入 10 mL 蒸馏水。

⑯磷酸（85%，W/V）、10%（W/W）PVP、0.05 mol/L 愈创木酚、甲苯、浓盐酸、冰醋酸、甲硫氨酸、核黄素、脯氨酸、30% H_2O_2。

⑰考马斯亮蓝 G-250：称取 100 mg 考马斯亮蓝 G-250 溶于 50 mL 90%乙醇中，加入 85%（W/V）磷酸 100 mL，最后用蒸馏水定容至 1000mL，此溶液在常温下可放置一个月。

⑱3%的磺基水杨酸溶液：称取 3 g 磺基水杨酸加蒸馏水溶解后，定容至 100 mL。

⑲酸性茚三酮试剂：称取 1.25 g 茚三酮溶于 30 mL 冰醋酸和 20 mL 6 mol/L 磷酸溶液，搅拌，加热至 70℃溶解后冷却，置于棕色试剂瓶中，于 4℃下其稳定性可保持 2~3d。

（3）测定步骤

①采样：中午 11∶00 至下午 14∶00 从各个新生枝条中部开始取样，叶片先用蒸馏水冲洗并用滤纸擦干。选新生枝条中部完全展开叶三片。立即于液氮或-80℃冰箱中保存，用于生理生化分析。

②提取：取样品用液氮研磨成粉末后，称取 3 g 叶片，立即加 9 mL 提取液提取（每 100 mg 鲜重的样品用 300 μL 提取），提取液包括：4℃ 100 mmol/L Tris-HCl 缓冲液，10 mmol/L EDTA，50 mmol/L KCl，20 mmol/L MgCl$_2$，0.5 mmol/L PMSF，1 mmol/L DTT，0.1%（V/V）Triton X-100，10%（W/W）PVP，混匀后于 4℃、14000 g 离心 30 min，上清液于 4℃保存，用于蛋白质含量和酶活性测定。每个处理重复 3 次，所有的步骤均应在 0℃冰浴里进行。

③抗氧化酶活性测定。

a）抗坏血酸过氧化物酶（APX）活性：利用 APX 在 H$_2$O$_2$ 存在的条件下使抗坏血酸量减少的原理测定酶活性。在 2 mL 酶液中加入 1 mL 酶反应液（含 50 mmol/L Na$_2$HPO$_4$-NaH$_2$PO$_4$ 缓冲液，1 mmol/L 抗坏血酸和 2.5 mmol/L H$_2$O$_2$），充分混匀，紫外可见分光光度计上读取 290 nm 波长处吸光值在 3 min 内每 15 s 的变化，计算每分钟内每克鲜重转化的抗坏血酸量（摩尔消光系数为 2.8 L/mmol/cm），用以表示酶活性大小。

b）超氧化物歧化酶（SOD）活性：用氮蓝四唑法。利用 SOD 抑制 NBT 在光下被 O_2^- 还原的反应测定活性。分别取六支玻璃管加入 5 μL、10 μL、20 μL、40 μL 提取酶液和适量反应液，反应混合液总量 3 mL，反应液包含 2 $\mu mol/L$ 核黄素、10 $\mu mol/L$ 甲硫氨酸、50 $\mu mol/L$ NBT、20 $\mu mol/L$ KCN、6.6 mmol/L Na_2EDTA。试管于 25℃下避光恒温保存 10 min，反应以照光开始，以未照光试管为对照，在 560nm 波长处检测吸光度，SOD 活性测定中以吸光度降低 50% 所需要的酶量作为一个酶活性单位。

c）过氧化物酶（POD）活性：用愈创木酚法。反应体系包括：2.9 mL 0.05 mol/L 磷酸缓冲液，1.0 mL 2% H_2O_2，1.0 mL 0.05 mol/L 愈创木酚和 0.1 mL 酶液，用加热煮沸 5 min 的酶液作为对照。反应体系加入酶液后立即于 34℃水浴保温 3 min，然后迅速稀释 1 倍，于 470 nm 波长下测量。每隔 1 min 记录 1 次吸光度，共记录 5 次，然后以每分钟内 A_{470} 变化 0.01 为一个酶活性单位（U）。按以下公式计算过氧化物酶活性：

$$过氧化物酶活性 [U/(g \cdot min)] = \frac{\Delta A_{470} \times V_T}{W \times V_S \times 0.01 \times t}$$

式中：

ΔA_{470}——反应时间内吸光度的变化，U；

W ——材料鲜重，g；

t——反应时间，min；

V_T——提取酶液总体积，mL；

V_S——测定时取用酶液体积，mL。

d）过氧化氢酶（CAT）活性：酶液在 20℃恒温保存 5 min，然后取 100 μL 酶液加入反应液，总的混合液为 3 mL。混合反应液中含有 30% H_2O_2、50 mmol/L 磷酸钠缓冲液，pH 值为 7.0。以没有 H_2O_2 的反应液作对照，测定在 240 nm 波长处吸光度值在 3 min 内每 15 s 的变化。CAT 活性测定中以每分钟分解 1 μmol H_2O_2 所需的酶量为一个活性单位，单位 μmol H_2O_2/min/gFW。

④丙二醛（MDA）含量测定（膜脂过氧化程度指标）：取 2 mL 提取液（对照加 2 mL 蒸馏水），并加入 2 mL 0.6％硫代巴比妥酸溶液，混匀后在沸水浴上反应 15 min，迅速冷却后再离心。取上清液用分光光度计测定其在 532 nm、600 nm 和 450 nm 波长下的吸光度，采用以下公式计算 MDA 含量：

$$C（\mu mol/L）=6.45(OD_{532}-OD_{600})-0.56OD_{450}$$

⑤可溶性蛋白含量测定：

a）样品测定：样品提取液中蛋白质浓度的测定，吸取样品提取液 1 mL（样品提取与 SOD 活性测定相同），放入具塞刻度试管（设两个重复管），加入 5 mL 考马斯亮蓝 G－250 试剂，充分混合，放置 2 min 后在 595 nm 波长下测定，记录吸光度，通过标准曲线查得蛋白质含量。

b）标准曲线：取 6 支试管，按下表数据配制 0～100 μg/mL 血清白蛋白溶液各 1 mL，准确吸取所配各管溶液 0.1 mL，分别放入 10 mL 具塞试管，加入 5 mL 考马斯亮蓝 G－250 试剂，盖塞，反转混合数次，放置 2 min 后，在 595 nm 波长下比色，绘制标准曲线。

表 6－1　配制血清白蛋白溶液

管　号	1	2	3	4	5	6
100 μg/mL 牛血清白蛋白量（mL）	0	0.2	0.4	0.6	0.8	1.0
蒸馏水量（mL）	1.0	0.8	0.6	0.4	0.2	0
蛋白质含量（mg）	0	0.02	0.04	0.06	0.08	0.10

c）结果计算

$$样品蛋白质含量=\frac{C \times V}{a \times W}$$

式中：

C——查标准曲线所得每管蛋白质含量，mg；

V——提取液总体积，mL；

a——测定所取提取液体积，mL；

W——样品鲜质量，g。

⑥脯氨酸含量测定。

a）脯氨酸的提取。

准确称取不同处理的待测植物叶片各 0.5 g，分别置大管中，然后向各管分别加入 5 mL 3%磺基水杨酸溶液，在沸水浴中提取 10 min（提取过程中要经常摇动），冷却后过滤于干净的试管，滤液即为脯氨酸的提取液。

吸取 2 mL 提取液于另一干净的具塞试管中，加入 2 mL 冰醋酸及 2 mL 酸性茚三酮试剂，在沸水浴中加热 30 min，溶液即呈红色。

冷却后加入 4 mL 甲苯，振荡 30 s，静置片刻，取上层液体至 10 mL 离心管，在 3000 r/min 下离心 5 min。

用吸管轻轻吸取上层脯氨酸红色甲苯溶液于比色杯，以甲苯为空白对照，在分光光度计上 520 nm 波长处比色，求得吸光度。

b）标准曲线的绘制。

在分析天平上精确称取 25 mg 脯氨酸，倒入小烧杯，用少量蒸馏水溶解，然后倒入 250 mL 容量瓶，加蒸馏水定容至刻度，此标准液每毫升含脯氨酸 100 μg。

系列脯氨酸浓度的配制：取 6 个 50 mL 容量瓶，分别盛入脯氨酸原液 0.5 mL、1.0 mL、1.5 mL、2.0 mL、2.5 mL 及 3.0 mL，用蒸馏水定容至刻度，摇匀，各瓶的脯氨酸浓度分别为 1 $\mu g/mL$、2 $\mu g/mL$、3 $\mu g/mL$、4 $\mu g/mL$、5 $\mu g/mL$ 及6 $\mu g/mL$。

取 6 支试管，分别吸取 2 mL 系列标准浓度的脯氨酸溶液、2 mL 冰醋酸和 2 mL 酸性茚三酮试剂，每管在沸水浴中加热 30 min。

冷却后各试管准确加入 4 mL 甲苯，振荡 30 s，静置片刻，使色素全部转至甲苯溶液。

用注射器轻轻吸取各管上层脯氨酸甲苯溶液至比色杯，以甲苯溶液为空白对照，于 520 nm 波长处进行测量。

标准曲线的绘制：先求出吸光度（Y）依脯氨酸浓度（X）而变的回归方程式，再按回归方程式绘制标准曲线，计算 2 mL 测定液中脯氨酸的含量（$\mu g/2\ mL$）。

6.6　植物木质素、纤维素测定

（1）方法原理

测定木素、纤维素含量的方法很多，如纤维素含量的测定方法有浓酸水解定糖法、硝酸乙醇法、氯化法等；木质素含量的测定方法有浓酸水解法、紫外分光光度计法、红外光谱定量分析法和同位素标记法。由于红外光谱定量分析法和同位素标记法对实验室要求较高，所以应用并不普遍。

（2）测定步骤

①消煮：称 1 g 左右（w_0）植物样品于消煮管，加入 100 mL 酸性洗涤剂，20 g 十六烷基三甲基溴化铵（CTAB）加入 1 L 1 mol/L H_2SO_4，之后加数滴正辛醇于消煮管（消泡）于 158℃恒温消煮 1 h 以上。利用丙酮将全部溶液转移至烧杯中准备抽滤。

②抽滤：利用抽滤瓶将烧杯内溶液及残渣通过砂芯坩埚过

滤。抽滤后于 170℃ 烘干至恒重称重（w_1），加 72% 浓硫酸于坩埚（3 h 以上）使其与纤维素反应，再抽滤，于 170℃ 烘干后称重（w_2），再放入马弗炉中 550℃ 去木质素后称重（w_3）。

（3）结果计算

$$纤维素含量（\%）=（w_1-w_2）/w_0 \times 100\%$$
$$木质素含量（\%）=（w_3-w_2）/w_0 \times 100\%$$

6.7 植物叶绿素测定

（1）操作步骤

叶绿素是叶绿体中具有光学活性的主要色素，主要包括叶绿素 a 和叶绿素 b，它能吸收 400~700 mm 波长的光能，实现碳和水分的化学转化，形成有机物质，积累能量。因此，叶绿素含量的测定，对于了解光合能力有重要意义。本方法适用于新鲜植物组织（如叶片、果实等）的叶绿素 a、叶绿素 b 含量及总量的测定。

取植物叶片（切碎）0.500 克放入试管，加入 5 mL 叶绿素提取液（乙醇：丙酮：水 = 4.5：4.5：1），盖上棉塞，避光提取 72 h（隔 20 h 至少摇匀 1 次），72 h 后，于 663 nm 和 645 nm 波长处比色，类胡萝卜素在 470 nm 波长处比色。

（2）结果计算

$$C_a=（12.7 A_{663}-2.69 A_{645}）V/m$$
$$C_b=（22.9 A_{645}-4.68 A_{663}）V/m$$
$$C_t=C_a+C_b=（8.02 A_{663}+20.21 A_{645}）V/m$$

式中：

C_a——叶绿素 a 浓度，mg/L；

C_b——叶绿素 b 浓度，mg/L；

C_t——总叶绿素浓度，mg/L；

V——提取液体积，mL；

m——样品质量，换算成 mg/kg。

12.7、4.68 和 8.02 为叶绿素 a、叶绿素 b 和总叶绿素在波长 663 nm 时的比吸收系数。

2.69、22.9 和 20.21 为叶绿素 a、叶绿素 b 和总叶绿素在波长 645 nm 时的比吸收系数。

6.8　植物总酚测定

（1）总酚的提取

称取 0.05 g 磨碎干样于 25 mL 干燥玻璃刻度试管，加入提取剂 70％丙酮 10 mL（丙酮：水＝7：3），放在超声波水浴锅中水浴 40 min（水浴锅设置：温度 30℃，时间 40 min）。

将水浴后的提取液转移到 10 mL 离心管，于低温离心机内离心 10 min（离心机设置：温度 4℃，转速 3000 r/min，时间 10 min），离心后的上清液即为待测液。

（2）总酚的比色

①取上述待测液 500 μL（0.5 mL）于 25 mL 刻度试管中（空白用 0.5 mL 蒸馏水代替），加入蒸馏水 9.5 mL，然后再加 0.5 mL 福林试剂（放在 4℃冰箱中低温保存，若变绿则不能使用，福林试剂用蒸馏水 1：1 稀释），摇匀后再加入 2.5 mL Na_2CO_3（100 g/L）溶液，摇匀后放置在避光环境下 40 min 显色，测其在 725 nm 处的吸光度。

②绘制标准曲线。儿茶酚标准液（100 mg/L）：称取 0.100 g 儿茶酚，溶解，定容到 1 L。

量取 0 mL、1 mL、2 mL、3 mL、4 mL、5 mL、6 mL

100 mg/L 儿茶酚标准液于 100 mL 容量瓶，加入福林试剂 5 mL，100 g/L Na_2CO_3 溶液 5 mL，定容后儿茶酚溶液浓度分别为 0 mg/L、1 mg/L、2 mg/L、3 mg/L、4 mg/L、5 mg/L、6 mg/L。绘制标准曲线。

（3）结果计算

$$W = \frac{c \times V \times ts}{m} \times 10^{-3}$$

$$ts = \frac{V_2}{V_1}$$

式中：

W——总酚含量，g/kg；

c——从工作曲线上查得显色液的总酚浓度，mg/L；

ts——分取倍数；

V——总待测液体积，10 mL；

V_1——吸取待测液体积，0.5 mL；

V_2——定容后的体积，13 mL；

m——烘干样质量，mg。

参考资料

[1] BERG B, MCCLAUGHERTY C. Plant Litter: decomposition, humus formation, carbon sequestration [M]. 3rd ed. Berlin: Springer, 2003.

[2] LI H, XU L Y, WU F Z, et al. Forest gaps alter the total phenol dynamics in decomposing litter in an alpine fir forest [J]. PLoS One, 2016, 11 (2): e0148426.

[3] LI H, WU F Z, YANG W Q, et al. Effects of forest gaps on litter lignin and cellulose dynamics vary seasonally in an alpine forest [J]. Forests, 2016, 7 (2): 27—53.

［4］LI H，WU F Z，YANG W Q，et al. The losses of condensed tannins in six foliar litters vary with gap position and season in an alpine forest ［J］. iforest-Biogeosciences and Forestry，2016，9（6）：910－918.

［5］李晗，吴福忠，杨万勤，等. 不同厚度雪被对高山森林6种凋落物分解过程中酸溶性和酸不溶性组分的影响［J］. 生态学报，2015，35（14）：4687－4698.

［6］武启骞，杨万勤，吴福忠. 一种植物中多酚类物质的提取方法：201210349880.4［P］. 2012－12－26.

［7］徐李亚，杨万勤，李晗，等. 长江上游高山森林林窗对凋落物分解过程中可溶性碳的影响［J］. 长江流域资源与环境，2015，24（5）：882－891.

［8］徐李亚，杨万勤，李晗，等. 雪被覆盖对高山森林凋落物分解过程中水溶性和有机溶性组分含量的影响［J］. 应用生态学报，2014，25（11）：3067－3075.

［9］张川，杨万勤，岳楷，等. 高山森林溪流冬季不同时期凋落物分解中水溶性氮和磷的动态特征［J］. 应用生态学报，2015，26（6）：1601－1608.

［10］张川. 高山森林溪流凋落物分解中有机组分的变化特征［D］. 成都：四川农业大学，2016.